U0175747

财富的真相

李笑来 著

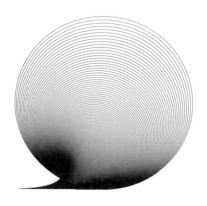

广东经济出版社

· 广州 ·

果麦文化 出品

花掉时间赚到钱，
做更多的事。

目 录

0
改变想法即改变生活

　　无论正确与否，人都会思考，也无法阻止自己思考——思考会引发决策，而后带来行动，进而构成命运。

　　于是到最后，我们每个人的命运其实都是自己思考的结果。

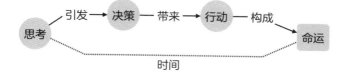

　　人类那看起来无比复杂的思考，其基石不过是一个又一个基础且简单的概念。于是，对那些基础且简单的概念的理解，总是在暗中起着决定性的作用。

　　举个例子，当坏事发生的时候，比如得了重病或者出了车祸，人对"命运"这个概念的理解会影响随后的每一个决策、每一次行动，进而等同于直接且完整地影响了自己的命运。

有些人是不信命的。他们可能压根就不会把自己正在经历的坏事与"命运"这个概念联系在一起。他们的想法，一方面是"这就是个概率问题，差的概率被我遇到了"；另一方面是"这的确与我过往的某些判断有关"。于是，他们能正常处理那些坏事，而后改进的方向也很明确："未来如何降低坏事发生的概率？"以及"我应该如何改善自己的判断？"

当然，普通民众之中，也有相当一部分信命的人。他们会认为经历坏事是因为自己命不好，或者得罪了神灵，由此会进一步想很多，且做很多不信命的人不会做的事情。对他们来说，既然命运已经注定，那么自己的思考就是毫无意义的；既然决策并不属于自己，那么行动也就没有改进的必要；至于未来该怎么做，那就需要靠求神拜佛来获得指引。于是，他们的行动自然而然地开始不由自主。到最后，"命运"也就好像真的早已注定了一样。

同样的道理，很多人终其一生也没怎么赚到钱，甚至，在当下越来越好的时代里依然赚不到钱。可事实上，真正限制他们的，往往并不是什么"不公平"或者"没机会"的现实，而是他们的底层观念错了——就是那些基础，且不仅看起来简单，事实上也确实简单的东西，暗中决定了他们所谓的"命运"。

关于"财富的真相"，当我们细说从头时，一切看起来都非常简单。但，有必要事先提醒：

▎ 正因为它们如此简单才如此关键。

相信我，虽然我们只能从简单到显而易见的事实开始，但随着思考的一步一步深入，一定有很多情理之中、意料之外的事实浮现出来。它们恰恰就是改变生活的关键。

又恰恰因为它们实在太简单，所以，不知道它们，或者没想过它们也就实在太可惜。况且，那些简单至极的东西，在暗中深刻影响的竟然是人们误以为困难至极的赚钱。

反过来，也恰恰因为它们简单，所以，一个人一旦知道（甚至可能只需要听到或者见到）就真的有可能做到。随后的慨叹只能既自然又一致：除了觉得万幸之外，都会不由自主地向家人分享。

① 财富的唯一正常来源

钱本身并不一定可以被称为财富。小朋友手里拿的，通常被称作零钱，因为数量很少；大多数人有的，被称为积蓄；只有少数人才有所谓的财富——钱的金额得足够大。这样，钱才可以被称为财富，或者在投资或创业的时候被称为资本。

因此，积累是把钱变成财富的唯一正当手段。关键在于，积累肯定耗费时间，并且常常是很长的时间。

钱，又是从何而来的呢？

为了思考方便，也为了思考得深入且高效，让我们先做一个假设：我们生活在一个完美的社会中。在这里，每个人都安居乐业，即每个人都可以安全生活、平等交易、放心生产、自负盈亏。

在这个完美社会里，坑、蒙、拐、骗、偷、抢，显然都是不可以的。于是，每个人都一样，只能靠自己生产的商品或者服务，通过交换获得钱，再通过积累把钱变成财富。

这里的关键在于，所有人都一样，天生就是消费动物，时刻都得满足"生活必需"，否则就无法生存。所以，所谓的生活，从本质上来看，就只有两个组成部分：生产与消费。

生活中的消费，除了维持生存的必需消费之外，还有其他消费，比如娱乐和教育。其他消费可以存在的理由，只能是生产的收入大于生活必需的支出。

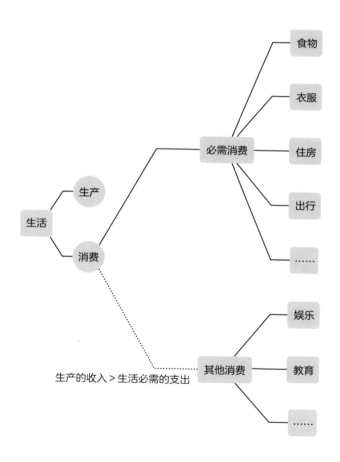

这里需要做一个判断。无论是生产还是消费，都需要时间。如果非要分出先后顺序的话，只消费不生产，肯定不行；只生产不消费，也不可能。

那么请问，究竟是应该先生产再消费呢，还是先消费再生产呢？

好像只有小朋友才可以理直气壮地只消费不生产。成年人肯定不行，成年人哪怕先消费再生产，实际上也并不可行，因为那只能是一厢情愿。

于是，道理很清楚：在正常的世界里，财富的终极来源只能是生产，这也是财富唯一的正当来源。

首先要先生产再消费，并且生产收入要大于必需消费的支出，才可能有积累的机会；而且还需要持续生产，再加上足够的时间，钱才有可能成为财富。

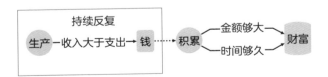

积累的真正难度在于时间要足够久。反过来讲，就是必须时间够久才可能产生有效积累。

然而绝大多数人失败的核心原因，并不是不从事生产，也不是从不积累，而是因为都没做到时间足够久的积累，所以钱的金额不够大，因此才没有获得或者掌握真正的财富。

甚至，即便是在不完美的世界里也一样，人们更多还是因为同样的原因失败，而不仅仅是因为现实"不完美"或者"不公平"。

再次强调，财富的唯一正常来源只能是生产，别无其他。

再进一步，实事求是地说，我们的结论趋向一致：生活就应该以生产为中心。其他的无论是什么，都得排在其后，没有什么比生产更为重要——起码，在生活必需得到满足之前。

❷ 生产资料究竟有哪些

生产当然需要生产资料。

那么请问：生产资料究竟都包括什么？它们又从何而来？

首先，生产需要材料，正所谓"巧妇难为无米之炊"。然而更关键的是另外一个东西：需求。

你必须生产出能卖出去的商品和服务。也就是说，有人需要，甚至整个社会都需要，才会有人买，否则你做出来的东西自我感觉多好都没用。

没有人要，就没有交换，也就没有钱。

还有一个格外重要却长期被忽视的生产资料是时间，没有不需要花时间的生产。哪怕在原始社会，男人们出去打猎也需要花时间。当然，那时需要花的时间相对短暂、零散。后来人类开始畜牧养殖、开田种地，生产不仅需要时间，还需要更持续、更集中的时间。

畜牧业中，常规来讲，鸡蛋孵化需要21天，鸭蛋孵化需要21天，猪出栏需要5～7个月，牛出栏需要12个月；农业，从种子种到地里到长成收割，玉米需要70～100天，大豆需要80～120天，小麦需要110～150天，水稻需要120～150天，棉花需要150～180天。

任何家禽家畜，包括鸡鸭猪牛，都不可能马上出生、马上长大；任何农作物，无论是玉米、大豆，还是小麦、水稻、棉花，都不可能今天种下去，明天长出来，后天就能收割。

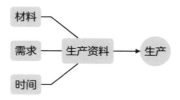

毫无疑问且无可争辩的是，时间不可压缩，时间不

可跨越；且时间从来都不可或缺。

然而，经济学家往往不会把时间当作生产资料来看待。在他们眼里，生产资料包括土地、劳动力、企业家才能、资本，也就是所谓的"生产四要素"。也许，经济学家如此忽视时间的原因，与会计师相同——在会计师眼里，时间好像不应该，也没必要，甚至没办法在资产负债表里存在。会计师在计算支出的时候，没想过要把时间支出放进去；计算成本的时候，没想过要把时间成本放进去。

对于时间，民众更不在乎。表面上来看，时间从来都是免费的。既然免费，当然可以不在乎，当然也不应该计入成本；深层次来看，时间不可控，这也的确在某种程度上是个不争的事实。与此同时，人们倾向于认为"我不能控制的就不是我的，既然不是我的，当然只能不在乎"。

人们在理解概念的时候经常犯这种错误：用事物的某一特征替代这个事物的概念。"属于我"的一个常见特征的确是"我可以控制"，但仅仅"我能否控制"这一条属性，不足以替代"属于我"这个概念。

这就好像，人能直立行走，"直立行走"是"人"这个概念的一个基础属性，或叫常见特征。可是，能直

这里的关键在于，生产知识也要花钱、花时间才能习得。

在遥远的过去，生产者会想尽一切办法对生产知识保密，绝不可以轻易告诉别人，省得"教会徒弟，饿死师父"。就算是对家人也一样小心翼翼，要严格遵守"传男不传女"的规则，省得被外人学去造成不必要的竞争。在那样的年代里，就算想花钱去学也不一定有机会。

现在当然就不一样了，生产知识不仅越来越公开，事实上也越来越便宜。其实，现代人面临的真正的困难并不是花钱，而是花时间去学习、思考、践行、观察、再学习、改良，这一系列重复的行动，都很耗费时间。

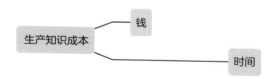

我当了一辈子老师，从未见过有人会因为钱或者智商在学习这件事上失败，几乎百分之百的失败都来自同一个原因，一个格外简单又出奇一致的原因：不肯真花时间。仅此而已，不分年龄，不分性别，不分民族，甚至也不分种族、国界和时代。失败者的态度也惊人且普遍一致，他们变着花样不肯承认真正的原因，只说自己"没有天分"什么的。

如果连自己的知识都是花自己的时间学来的，那么，最终我们可能会得到一个之前完全意想不到的结论，即自己的财富竟然全部来自自己的时间。

自己的时间 ————→ 自己的财富

再进一步，如此看来，"学习致富"并不是一句空话，也不是什么听起来不错却没有营养的"鸡汤"，它只不过是一个简单却又准确的陈述句。

> 为了拥有财富，就要用自己的时间去积累，就是平日里人们所说的攒钱。而钱这个东西，只能靠自己去生产。要想生产，就需要生产资料，总计就三样东西：需要材料就得靠知识向自然索取，需要需求还得靠知识向社会索取，需要时间，只能用自己的。而"时间是生产资料"这个事实本身，竟然同样是学来的知识。于是，所有的知识其实到最后都来自自身，都

┃ 得向自己索取。

知识，都是靠自己后天学习而得，无论是谁，天生都不带这些东西。

说得文艺一点，还真的就是"书中自有黄金屋"，一点没错。

或者，我们把之前的路径重新绘制一下：

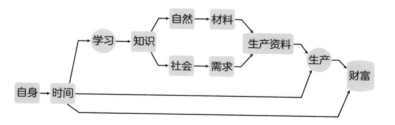

时间，也许是天下极为罕见的公平资源。首先，时间对任何人来说都是等速的；更为重要的是，每个人在出生的时候，无论是谁，都被自动赋予了大致相等的

量，即每个人自己的寿命。

然后，无论你用还是不用，它都会一点一滴地流逝。再换个角度看，在时间这个生产资料面前，没有人可能是"富二代"。知识，是另外一个罕见的公平资源。无论是谁，都要从头学起；无论是谁，只要学习就都要耗费时间。知识面前，实际上也没什么"富二代"。

再进一步，让我们把路径简化到极致，只留下起点和终点：

$$自身 \longrightarrow 财富$$

也就是说，财富的来源只有一个，竟然是自身。换言之，每个人的财富到最后都是从自身挖掘出来的。再换言之，"人人都可以白手起家"，或者"每个人都能且都应该白手起家"。千万别不信，也别着急论证或者反驳，接下来，我会从多角度证明这个重要结论。

4

生活艰辛的根本原因

　　生活艰辛的本质，无非是花得多赚得少，即收入无法满足生活必需消费。事实上，正常的普通人并不贪心，要求并不高。可惜的是，到最后发现，即便要求那么低，自己竟然还是无法被满足，只能称其为"艰辛"。

　　想赚钱就得生产，因为财富的唯一正当来源就是生产；反过来，不生产就没钱赚。从本质上来看，人们收入的差异，主要源自与有效生产之间的距离。换言之，离生产越近的人赚钱越多，或者反过来，离生产越远的人赚钱越少。

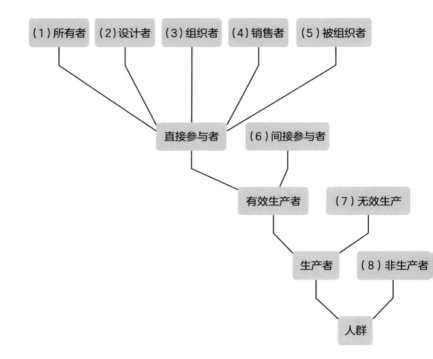

(1)所有者　(2)设计者　(3)组织者　(4)销售者　(5)被组织者

直接参与者　(6)间接参与者

有效生产者　(7)无效生产

生产者　(8)非生产者

人群

生产，不见得一定能赚到钱。因为生产出来的商品或者服务，必须是能卖出去的，即能够满足社会需求的，才能赚到钱。否则，耗费多少时间、精力都白费。所以，生产必须得是有效生产。

即便是有效生产，参与者还分为两部分：直接与间接。直接参与者还分为两部分：主要和次要。从主到次来看，分别是所有者、设计者、组织者、销售者；相对来看，被组织者是最次要的。

谁是有效生产的间接参与者呢？最明显的例子就是公务员——他们不直接参与生产，因为政府这个组织本身就是间接生产者。政府并不是非生产者，它本身也有协调社会生产的义务，同时，因为它承担了责任履行的义务，所以才可以名正言顺地收税。公务员虽然不一定是有效生产的直接参与者，但他们也不是非生产者，而是生产的间接参与者。

如上图所示，人群之中赚钱多少，虽然不尽然绝对，但基本上的确按照（1）（2）（3）（4）（5）（6）（7）（8）排列。

千万不要以为非生产者虽然不赚钱，却更有可能比亏钱的无效生产者强。因为无效生产者毕竟去生产了，所以，即便是在失败的过程中，也会学习、总结经验教训，只要不放弃，就有改进或者翻盘，甚至成功的机会。而非生产者则完全没机会。当然，无效生产的设计者或组织者，相对于无效生产的被组织者更亏。

思考决定选择，选择决定命运。很多人的问题在于，从一开始可能就没想对，所以也没选对，于是，到最后怎么吃亏的都想不明白。当然，更可怕的是，很多人压根就不用自己的脑子认真思考。

⑤
人们不喜欢做的工作

有一种工作其实更赚钱。但基于误解，绝大多数人不喜欢做，甚至心存鄙视。

从头说起，生产其实有很多种形式。抽象概括之后，主要有三种：

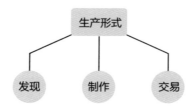

远古的人类，要出去采集或者狩猎。再后来，人们会出去寻宝，找各种各样的矿。这些都是发现，只不过自然的材料，无论是土地还是矿，或者其他资源，早就被发现得差不多了，也都被占有得差不多了，甚至干脆都被分配光了。于是，目前人类最多的发现，更大比例不是向自然索取的，而是向自身索取的。从自然探索转向了知识探索。

正如之前已经讲过的，制作需要向自然索取材料，向社会索取需求，而后向自身索取知识和时间，然后再设计、组织并制作。我们也看过了，有效生产的所有者、设计者、组织者是赚钱最多的。可是，有效生产（或者说有效制作）真的很难，否则，怎么到最后真正赚到钱的人总是少数呢？

退而求其次地参与有效生产也并不容易，看看那些生产畅销产品或者提供广受欢迎的服务的"大公司"就知道了，去那里求职（参与有效生产）都很难。

有没有相对容易一点的方式呢？那就只能是交易了。

专门从事交易的人，叫作商人。这样的人在社会中早已存在数千年了，尤其是在中国这片土地上。也就是说，把别人制作的商品或者服务，即别人的生产结果卖出去，也是一种生产形式。近距离的交易，往往被人们称为销售；远距离的交易，往往被人们称为贸易。

　　起初，人少，市场不大，商品和服务都不多，所以，人们几乎不需要销售。商品制作出来之后放在那里就可以了，人们只关心它的质量和价格，相信"酒香不怕巷子深""好货不便宜，便宜没好货"。那时候，只有跨越距离的贸易才能赚钱；并且，跨越的距离越远越赚钱。秦朝的吕不韦、元朝来中国的马可·波罗，都是从事贸易的商人。

　　商人那与众不同的知识起点，在于他们发现了距离的价值。距离连接了不同的需求，创造了交易机会。不仅如此，他们通过自身跨越距离，把很多"小社会"连接到一起，形成了一个更大的社会。于是，在更大的社会里，需求就会更多、更大，对他们来说，交易机会也随之更多、更大起来。

　　跨越距离需要时间，越远的距离需要越久的时间。所以说，距离的价值，很大程度上还是来自时间的价值。进而，交易这种生产形式，从其使用的生产资料来看，依然是知识和时间。从本质上来看，所有的收益都是从自身挖掘出来的。

随着人口的增加、商品服务的增加、市场的扩大，"卖出去"不再像遥远的过去那么轻松、自然，销售逐步成了商品或服务制作者的刚需。进入21世纪，随着互联网的崛起和普及，远距离可能产生的价值突然就被抹杀掉了——电商平台成了最大的贸易商。最终，全球都一样，贸易被少数几家平台公司垄断。就这样，商人们都变成了销售。

有谁天生是有效生产的设计者或组织者呢？古今中外都一样，知识需要学习，而学习的途径有且只有一条：先去做有效生产的被组织者。过去这叫学徒，现在叫打工人。

过去的学徒几乎只关注制作过程；而现在的打工人，最划算的方式可能是选择销售过程，也就是去销售部门做销售。

做销售有种种好处。

销售，是制作与需求之间的中间环节，离两边都更近。

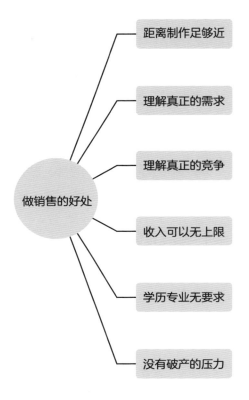

距离制作足够近

理解真正的需求

理解真正的竞争

做销售的好处

收入可以无上限

学历专业无要求

没有破产的压力

　　离制作距离足够近，意味着只要销售自己愿意，就可以看到、学到；与此同时，离需求更近的好处就是，相对于其他工作岗位上的人，更有机会看到更多的需求，也可以对某个需求有更深入的学习机会。这些都是知识，将来都有可能成为自己的生产资料。

这里的关键在于，销售的收入可以无上限。这是其他任何有效生产的被组织者无法匹敌的。社会越发达，市场越大，商品服务种类越丰富，销售就越是制作者的刚需。所以，很多销售岗位都是有"业绩提成激励机制"的，赚多少，看业绩。而其他岗位，如行政、会计、后勤等，薪资基本上都是固定的。

所以，想要赚钱多一点，应该优先选择做销售。这本身就是知识，很重要、很关键的知识。可惜，绝大多数人不知道，或者不接受。很多人不喜欢销售自带的"乙方"属性，于是连带着讨厌做销售，甚至认为那是牺牲尊严来换取金钱。不值得劝说，不值得争辩，人生的路都是自己选的。无论走到哪里，到最后都要后果自负，谁选的谁就得认，仅此而已。

更有趣的一点是，做销售这件事，对学历、专业甚至出身都没有要求。一方面，是因为销售太刚需了，另一方面，销售不是可以从学校里学到的。总体上来讲，正规教育体系培养的主要是生产或制作的被组织者，而非有效生产的设计者、组织者和销售者。

最后，做销售没有破产压力。生产或制造有时候很危险，外部干扰因素太多，可能要承受破产压力。做销售，投入的往往只有自己，而不是资金。在这一点上，对普通人来说是格外的优势。拿破仑·希尔就说："销售是饿不死的。"因为他们无论什么时候，无论在哪里，都可以重新开始。

6

无能为力的教育体系

很少会有人否认教育的重要性。全球都一样，目前绝大多数家庭的生活支出中最大的组成部分就是子女的教育投入。从比例上来看，普遍超过三分之一。

这只是钱的投入，时间的投入更为惊人。

18世纪初，普鲁士王国开启了人类史上第一个义务教育制度。19世纪中期，日本受到西方工业文明的巨大冲击，为了奋起直追，明治政府将普鲁士教育体系几乎原样照搬回日本。19世纪末，大量中国留学生在中央政府和地方督抚的资助下涌入日本求学，其中包括章太炎、陈天华、黄兴、蔡锷、鲁迅、李大钊、陈独秀、周恩来、周作人、李叔同、郁达夫、田汉、夏衍等。

到了20世纪初，中国近代第一次由政府颁布施行的全国性法定系统学制"癸卯学制"[1]，就完全参照了当时日本的学校制度模式。接着大约20年后制定的"壬戌学制"，就是现在我们常见的"六三三制"来源，即小学六年、初中三年、高中三年。1986年，《中华人民共和国义务教育法》颁布，中国大陆开始正式实行九年义务教育。

最初的时候，人们初中毕业就可以开始工作，后来得高中学历才行，又后来本科学历才够用，再后来研究生学历才算说得过去……给人的感觉是，必要的教育从9年变成12年，又变成16年，再变成19年。这还不算学龄前各种事实上昂贵的学前班和兴趣班。如果一个人8岁开始上学，说不准得到27岁才开始找工作。

但是，从发展到盛行已经差不多300年的现代教育体系，重点培养的并不是有效生产的所有者、设计者和组织者，也不是销售者。它所培养的，主要是生产的被组织者，或者生产的间接参与者。总而言之，它不是以生产为导向的，也不是以生产为中心的。

教育的金钱成本不断上涨，时间成本不断增加，再

1　癸卯学制：1904 年（清光绪三十年）由清政府颁布。因制定颁布于旧历癸卯年，故得此名。

加上教育内容与有效生产脱节。一批又一批从学校里走出来的成年人，大部分都不懂生产、脱离生产，甚至主动远离生产或者厌恶生产。于是，绝大多数人在不知不觉间，花费了巨量的金钱和海量的时间，把自己变成了收入注定相对低的人群。

学习 ——→ 知识 ——→ 生产 ——→ 财富

把之前的这张示意图重新画一下：

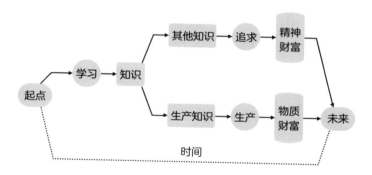

人生可以有很多追求。钱也好，财富也罢，的确不是也最好不应该是人生的全部。可问题在于，凡事

总有个先后，先学会必要的生产知识，才能通过生产过上好日子。否则，生活艰辛的情况下，所有的追求都会变得苍白。

每个人的时间都有限，于是把时间花在哪里很重要。很多人的确花时间生产了，却不幸从事的是无效生产。同样的道理，很多人也的确花时间学习了，却不幸学的是无关生产的东西，所以才赚不到钱。

如果基于种种原因，生活必需不是问题，并且长期都不会成为问题，那么，不从事生产，甚至从事无效生产，或者学习无关生产的东西都无所谓。但只要尚未摆脱生活的束缚（人毕竟是消费动物），那么，就一定要先学习生产相关的东西，一定要想办法先从事有效生产。就算不能设计、组织有效生产，也要尽量去做有效生产的销售。这没什么可争辩的。

绝大多数人一辈子从未直接从事过生产，所以他们就不可能教育自家孩子如何生产；绝大多数人一辈子从未从事过销售，所以他们也不可能教育自家孩子如何销售。最神奇的是，这两样东西恰好都不能，也不用指望教育体系，要么靠家长言传身教；要么自学，而后再作为家长言传身教。

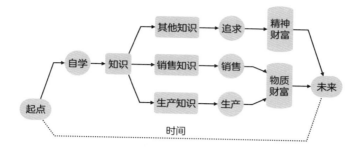

　　另外一个重点值得反复提醒：无论是物质财富还是精神财富，到最后，全部都来自花自己的时间获得的知识，即一生中能拥有的一切其实全部都出自于自己的时间。

❼
荒唐地出售生产资料

回到之前的一个重要结论：时间是我们的终极生产资料。要命的是，人群之中，99%的人靠直接出售时间来获取收入。

可问题在于，时间是最重要的生产资料，甚至是我们的终极生产资料。之前我们也得到过这样的结论：我们一生中赚到的所有钱或财富，从本质上来看，全都是从自己的时间里挖出来的。

生产资料要被用来制作成商品或者服务之后再卖出去才更划算啊！泥巴可以做成砖头，请问：卖泥巴赚钱还是卖砖头赚钱？砖头可以用来盖房子，请问：卖砖头赚钱还是卖房子赚钱？哪有直接出售生产资料的啊？亏大了！

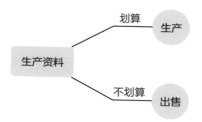

也就是说，任何时候都一样，把生产资料直接卖出去肯定是最不划算的。换言之，把时间直接卖出去肯定是最不划算的！这很难理解吗？

可惜，绝大多数人终其一生的个人商业模式，就真的只是在把自己的时间不经任何加工直接卖出去。然后，只在这个层面拼命地卷，比谁的时间单价更高，仅此而已。

其实，我们能出售的时间真的很少。

一天24小时，睡觉得8小时，吃饭、如厕、洗漱、娱乐、休息、学习等都需要时间。而后，大多数人可用来上班或打工的时间也不过8小时，差不多一个白天而已。这已经筋疲力尽了，所以随着社会的发展，休息日会越来越多。一周5个工作日，一年至少27天法定节假日，一年365天里大约只有230天可以工作。而其中实际可出售的时间也只不过相当于76天而已。另外，25岁之前要上学受教育，60岁退休了就不能再直接出售自己的时间。所以，如果活到70岁的话，就相当于要再次砍掉一半的可出售时间，现在只有38天了，这还没算上中途失业的情况。

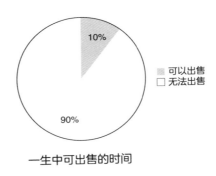

一生中可出售的时间

整体算下来，在70年的生命过程中，可以直接出售的时间差不多也就10%而已！在能直接出售的时间那么少的同时，还要把它以那么低的价格出售，实在是不划算。

当然，每个人的情况不一样，刚开始的时候都可能要有一段时间迫不得已地直接出售自己的时间。但无论如何，都要想尽一切办法摆脱这种最差的个人商业模式。

❽
学校里不教的生意经

毕竟，学校里也不是完全不教人们如何赚钱。现在，有大量的商学院，商学院里也有很多课程，有很多学说。如果说必须在其中选一个，且只能选一个"对普通人最有用的概念"的话，我推荐"CLV"，即客户终身价值（Customers' lifetime value）。这是一分钟之内可以阅读很多遍的定义，既简单又清楚：

> 客户终身价值是指，你在一个购买你的商品或者服务的客户身上一辈子能赚到的利润。

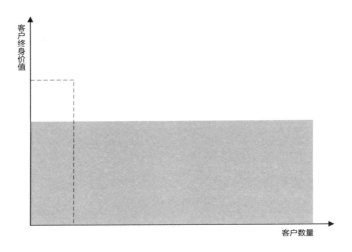

客户终身价值

客户数量

    在这个示意图中，你最终的利润无非是两个指标的乘积（或者，在图中扩出来的面积）。你所提供的商品或者服务的"CLV"越高，乘积越大；你的客户数量越多，乘积越大。就这么简单。

    当你想要预估一个生意能不能做的时候，你只要想想你的最终利润（图中你能画出来的方块面积）能否大幅度超过你的投入（成本）就可以了。或者，反过来讲，那个方块的面积大小决定了是否值得你投入。

    然而，我们这里要重点讲的，是学校里不教的"时间成本反向评估"。

┃ 时间成本越高，生意就越难赚钱。

至于为什么学校里不教这个，因为经济学家往往不会把时间当作生产资料看待，并且，会计师也往往不在财务报表里把时间计入成本。

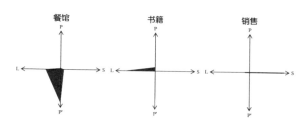

P: 生产时间成本；P': 再生产时间成本；L: 学习时间成本；S: 销售时间成本

餐馆对普通人来说其实是相当不错的生意，成功概率实际上是挺高的。可是，从时间成本的角度来看，这个生意并不是最划算的。它有一定的学习时间成本，每天的生产时间成本虽然并不高，可是它需要一直持续生产，并且每次销售都有一定的时间成本。

与之相比，书籍的创作就相对划算很多，因为虽然学习时间成本相对较高（研究储备），也有一些生产时间成本（写书过程）。但销售时间成本和再生产时间成本对作者来说都等于零。另外，作者的学习时间成本事实上还是可以复用的，所以实际的学习时间成本更低。

很多人从来没从这个角度思考过，所以不知道销售的厉害。做销售的起步学习时间成本事实上相对极低，并且更多的销售知识来自实践过程。虽然它的销售时间成本相对最大，但它没有生产时间成本，也没有再生产时间成本。

有人曾经对一件事情感到奇怪：为什么金丝楠木那么贵，却没有人种植？因为金丝楠木的生产时间成本和再生产时间成本都太高了，需要200多年，远远超出了任何正常人的寿命。

虽然事实上时间成本很难精准量化，但用时间成本去反向评估某个商业模式很有启发意义，并且，这也是必须认真思考的角度。毕竟，时间可是我们的终极生产资料。

⑨
钱作为一种社会账簿

让我们重新审视钱这个东西的另一本质：

| 钱是一种"社会账簿"。

钱是我们用商品或者服务交换而来的，我们交换的对象是整个社会，它由很多提供和需要商品或服务的人构成。

我们拿回来的钱，本质上是整个社会因拿走我们的商品或服务，而给我们打的"欠条"。于是，拿着欠条的人，就成了整个社会的"债主"。将来，债主可以用这些欠条要求整个社会恰如其分地偿还债务。

债权 ←——欠条——→ 债务

日常生活里，人们习惯于借什么还什么，比如，借谷子就还谷子，借斧子就还斧子。一般来说，不大可能借的是种子还的却是斧子，因为这很麻烦，种子和斧子的等值换算很难达成一致。

然而，钱这种欠条不太一样。整个社会并不需要借什么还什么，债主也不希望这么做。你是种谷子的人，你家里有的是谷子，你就不想再要谷子；我是做斧子的人，我家里有的是斧子，我就用不着更多的斧子。

债主更希望"我需要什么你就拿什么来还"，这样不仅对债主来说更方便、更有利，并且整个社会也乐于这么做。反正，社会里有各式各样的商品和服务，债主可以在选择范围内随便挑选。

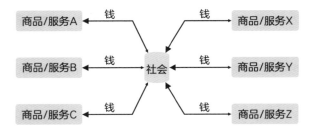

于是，【商品/服务Ａ】的提供者，若是手中有欠条，也就是钱，那么他需要整个社会偿还"债务"的时候，选择范围起码是【Ｂ、Ｃ、Ｘ、Ｙ、Ｚ】；如果债主是【商品/服务Ｙ】的提供者，那么，他的选择范围就可能是【Ａ、Ｂ、Ｃ、Ｘ、Ｚ】。

钱与日常生活中常见的欠条最不一样的地方，也恰恰是钱的优势：只计价值，没有偿还的时间条件。理论上来讲，甚至没有违约可能。

从社会账簿的本质出发，可以看出，钱其实是整个社会的债务。而后，只要稍微再深入一步，我们就可以看到很多非常震撼的真相——

各人不同的情况（你有没有钱、有多少钱、有没有债、有多少债）导致每个人和整个社会的关系各不相同。

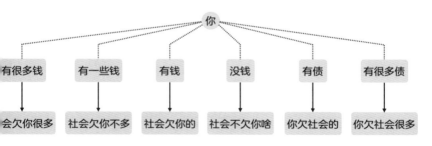

也许，这样的结论与我们一直有意无意接受的教育

有所冲突。然而，事实的确胜过雄辩。请问，债务人有什么理由憎恨债权人呢？无论是从理智出发还是从情感出发，都说不过去。

只能慨叹，正常思考的确是罕见且难能可贵的品质。又，只有正常思考才能保证道德观朴素且健康……再叹。

⑩
钱可能是万物的存储

　　钱除了是人们都知道的价值存储外，它还可以存储更多东西。甚至，我都想将其称为"万物的存储"，这样说一点都不过分。

　　当然，钱太少了不行，零钱可存不下什么有意义的东西。不过，若是钱的金额达到一定数额，可以被称为资金（或资本）的时候，就不一样了。资金可以存储的东西实在太多了，比如：

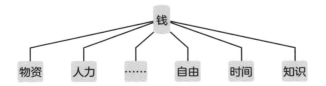

　　钱存储的除了物资、人力之外，还有自由。有钱就

意味着有选择。选择意味着机会，也就意味着自由。自由的真正价值，比起"想要什么就有什么"或者"想干什么就干什么"来说，更体现在"我可以不要什么"或者"我可以不干什么"。

可能最令人惊讶的是，钱存储的竟然包括时间和知识。当然，经过提醒之后，任何人都能轻松理解其中的道理。

如果你有足够多的钱，那么就可以购买任何必需的商品或服务，以至于不需要耗费自己的时间去生产，那你的时间就有了富余。如此看来，攒钱其实就等于"攒命"呢！想通过"炼丹"去延年益寿，虽然神秘却从未有人成功过；可攒钱这事对普通人来说，就太简单、太实在了！

知识通过教育获得，可教育是有成本的。它不仅需要钱，也需要时间。而时间则是更为紧俏的资源，钱可以不停地赚，可对每个人来说，时间却有一个大致统一且确定的上限。谁都想再活五百年，但谁都知道那只不过是一个妄想。

小朋友不懂事就算了，成年人都知道知识和教育的重要性。无论是体验过，还是被鞭打过，成年人统一的困境就是"我也想学"，可真正的问题在于"时间不够用"。如果钱是时间的存储手段，那么，钱甚至也可以是知识的存储手段，只不过看起来没那么直接而已，并且需要真正的教育愿望作为前提。于是，攒钱不仅是"攒命"，甚至也可能是在"攒脑子"呢！

再进一步的推论虽然极为简单，却更令人震惊，其作用也同样令人震惊。回顾一下，生产资料是由什么构成的来着？

钱事实上可以存储任何东西，那么，钱当然也可以是生产资料的存储方式。再换个说法：钱就是生产资料。并且，它同时还是选择的存储方式，所以，不得不说：钱是最灵活的生产资料。

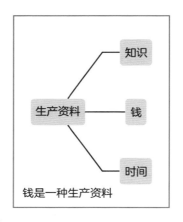

钱是一种生产资料

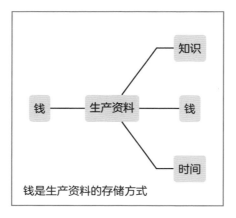

钱是生产资料的存储方式

人对世界的理解,很多时候完全取决于对关键概念的理解。

想象一下两个版本的你，一个是之前的你，另一个是明白了"钱竟然是最灵活的生产资料"的你。请问，这两个版本的你一样吗？再听到有人说"贪财"的时候，两个版本的你分别会如何思考，做何感受？在此之前和在此之后，你其实依然生活在同样的世界，头顶同样的蓝天，脚踏同样的大地。但突然之间，在此之后的你好像看到了或者"穿越"到了另外一个世界。

⑪
钱有两个不同的用处

对大多数人来说，钱只有一个用处：消费。

很遗憾，这也是为什么绝大多数人无法财务独立或者说财富自由的最根本原因。因为他们几乎从未认真思考过钱的第二个，并且是远比第一个重要的用处：投资。

通常情况下，人们会认为攒钱的首要方式是通过节俭或者克制消费欲望。这倒是没什么逻辑上的错

误，可问题在于，在行动上这么做很难，在心理上更难，因为这样做总是让人心情不佳。不开心的日子怎么过下去呢？

事实上，学习才是最佳解决方案。想象一下：通过刚才的学习，你知道了钱的第二个用处：投资（花一秒钟的时间）；然后，你再花点时间去了解投资的本质、方法论；再过一段时间你竟然通过实践、投资赚到了钱（花五年、十年，甚至更久）。到了那个时候，新版的你和旧版的你能一样吗？

新版的你压根就不用那么刻意且辛苦地克制消费欲望，因为投资欲望从无到有成长起来，并且越来越强烈，它会自动地全面碾压消费欲望，以至于在不知不觉之间，新版的你自然而然地会用更多的钱去投资，而不是去消费，除非那是必需消费。

消费当然很快乐，因为欲望得到了满足。可实际上，投资也很欢乐，它同样是一种满足欲望的方式，甚至应该更欢乐才对。

再说，钱是最灵活的生产资料。那么，顺着这个思路，请问：用生产资料做什么最恰当呢？当然是生产！即投资——用钱赚钱。

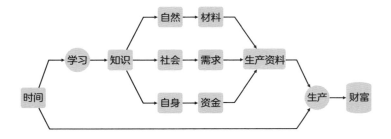

　　知识就是这样，有用的知识更是如此，一旦学到就不可能忘掉。现在的你很难再乱花钱，因为你觉得应该用它生产；你很难再仇富，因为你知道有钱人是债权人；你很难再漠视理财，因为你知道钱是万物的存储，那里存着你的自由；你很难再安于直接出售你的时间，因为你知道那是最差的个人商业模式；你很难再怨天尤人，因为你已经清楚地知道，其实，所有的一切都是从你自己的时间里挖出来的。

⑫ 用钱生产的根本原理

　　投资的本质其实就是放贷收息。甚至，金融的核心不过就是利息；而整个金融市场事实上就是由且只由利率驱动的。

　　投资算是个相对时髦的词汇，可放贷收息就不一样了，它是个极为古老的行当。利率和利息的出现，实际上比我们今天习以为常的钱更早。苏美尔人泥板上的楔形文字记载了5000多年前人们借贷谷物的年利率33%。也就是说，今年借3斤种子，明年得还4斤。

　　等到人们手里有钱的时候，只有少数人有机会用钱赚钱，因为用钱赚钱的一个重要前提是钱的量要足够多，否则借不出去。换言之，得把零钱通过时间积累成资金才可以。

这显然是一个很久、很难的过程，事实上绝大多数人做不到。只有少数人发现了这个事实，并且只有极少数的人最后手中真的有了足够的资金，才有机会去观察、去感受：

| 钱竟然也是一种生产资料。

对绝大多数人来说，生产大抵上是这样的：

但对少数手中积累到了资金的人来说，生产有另外一种：投资。

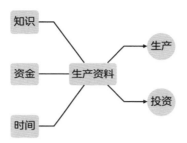

关于利息产生的原因和机制，经济学家各有各的说法，且经常闪烁其词。不管他们怎么说，我们作为普通人，只需要"朴素地思考"（或称"笨寻思"）。

资金和时间一样，是排他性资源。也就是说，它们的使用都有机会成本。你可以用你的资金去购买任何必要的生产材料，再用你的知识和时间去生产，而后，你把你生产出来的商品或者服务卖出去，你就可以赚到钱。可是，你把资金借给我了，你就失去了自己生产的机会，所以，为了公平起见，我应该在归还本金的时候，还要加上适当的利息，作为你的机会成本补偿。

> 利息是资金的机会成本补偿。

非常遗憾的是，这么简单的思考就可以得出的结

57

论，历史上人们从来都没有达成共识。对利息以及利率的各种负面情绪直到现在依然普遍存在。

资金是排他性资源，它天然具备机会成本。可资金这个东西，若是仅仅攒在自己手中的话，那么它的机会成本等于0；一旦把它借出去，那么，它的机会成本就大于0。而利息这个东西，从本质上来看，就是借出去的资金的机会成本补偿。

也就是说，资金本身无法直接产生利息，它一定要借出之后才可能有利息。

钱得足量才能被称为资金，但这还不够，还得有足够久的时间加持。无论利率多高，一分钟前借，一分钟后还，时间太短了，生成的利息实在太微薄，以至于可以忽略不计。因为利息的计算公式是：利息=利率×时间。

那么问题来了，风险藏在时间里，或者反过来说，未来充满了风险。随着时间的推移和展开，风险总会出现，或大或小，别说利息了，万一连本金都收不回来就麻烦了。

所以，在任何时候、任何地方都一样，债权人或者放贷者花最多时间研究的，都是如何尽量规避风险。其中最重要的就是债务人是否合格。

债务人要么必须有足够的抵押物，要么必须有足够好的信用。于是，若是总结一下的话，利息生成的前提大抵如下图所示：

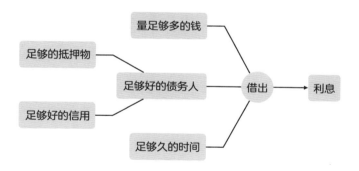

在这些前提条件满足的情况下，借出的钱在收回的时候，是连本带利回来的。这就是用钱作为生产资料进行生产成功之后的生产结果。

如果，对生产资料的分类是土地、劳力、企业家才能、资本的话，那放贷收息的行为压根就不可能属于生产。并且，由于放贷收息的过程中放贷者本质上没有付出劳力，这种"不劳而获"看起来是显而易见的"邪恶"。

但如果将生产资料分为知识与时间，那么，钱是可以通过习得知识，进而花时间进行生产，再通过交换获得的。而后，再把钱当作生产资料，与时间组合在一起，生产出了钱——这完全没差啊！再说，这只不过是认知差异而已。

事实上，绝大多数人并不知道，承担风险其实是更累的劳动。

⓭
麻烦不断的民间借贷

虽然绝大多数人并没有机会从事严肃的放贷生产，但在日常生活中，普通人之间经常出现各种借贷需求。又由于绝大多数人对金钱的本质和属性并没有深刻的认知，于是生活中绝大多数纠纷到最后都与钱有关。

如果有人向你借钱，你应该如何应对呢？假设现在有两个版本的你，一个是之前并不知道"钱是最灵活的生产资料"的你，另一个是已经洞悉这一切的你。那么，这两个版本的你做出的决策有何不同呢？

民间智慧有很多，比如"借三不借二"或者"救急不救穷"。不管这些建议有没有道理，现在的你和之前的你不一样。所以，你只要用一个简单的原则就可以避开绝大多数的陷阱：借钱生产，可以考虑；除此之外，都不行。借钱消费？想都别想。理由既简单又无可辩驳：钱，更恰当的用处只能是生产。借钱还债？更不可能。已经有过一次"还不上"的记录了，还有什么信誉可言呢？

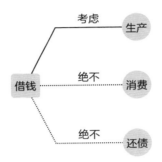

其实，这个原则反过来也适用，从自身角度出发，为了生产去借钱，可以考虑；为了消费去借钱，想都别想。进而，为了生产借钱之后，无论发生怎样的意外，都要想尽一切办法到期足额还上。

有时候，不借钱很难，亲情、友情都会成为理由和负担。但这时应该坚守第二个简单的原则：抵押贷，可以考虑；信贷，想都别想。必须有足够的（即超额的）抵押物作为还款保障，利息可有可无；否则，绝对不行。信用这个东西，于藏在时间里那么多且大的风险面前，总是不堪一击。

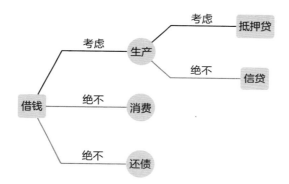

　　万一，出于种种原因，你实在拒绝不了，前两条原则都被打破了。那么就要狠下心来，绝对不能借，干脆直接送一部分。这钱送出去了，就意味着，你从一开始就决定不可能再往回要。现在，唯一要考虑的是，你有能力送出去的量到底是多少？

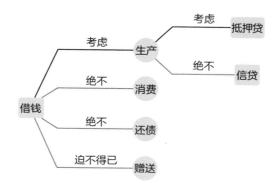

仅仅20年前，生活中的借贷依然是个很大的问题。现在不一样了，银行业已经进入发展快车道，连过去极为血腥的消费信贷都变得极其文明，且相关法律完善。所以，现在的普通人，在正常情况下，真没必要向身边的人借钱，将来更是如此。只要是合理的情况，银行都能解决。如果某人竟然真的想向身边的人借钱，一个较为遗憾的判断是，此人的金钱观应该有较大的问题，或者他受到的金钱教育有极大的缺陷……

另外，还有个现象值得一提：有办法用钱生产的人是没办法随便借钱出去的，因为他们的机会成本相对更高。深入思考的话，很多人随便借钱给别人并不是因为他们自以为的大方或者慷慨，而是因为无知或者无能。他们手中的钱的机会成本其实是零，所以才那么无所谓。当然，这种说法的确很难听，但话再糙理都不糙。

⓮
复利才是合理的现象

如果说利息是合理的，因为排他性资源的天然属性之一就是"借出之后要承担机会成本"。那么，复利也是合理的。

我从你那里借了一笔钱，谈好了年利率是10%，那么，一年到期之后，我理应还给你1.1x（x是我从你那里借来的本金），到期我就还给你了。这时，可以认为这笔借贷的利息计算方式是单利。

可如果到期之后，我并没有连本带利全部偿还给你，而是决定延期。那么第二年到期的时候，我理应还给你的是1.1×1.1x=1.21x，因为我相当于是在新的一年初始，向你借的本金是1.1x，与此同时，从第二年初始开始，你承担的机会成本也的确是1.1x，而非x。而第二年的利息计算方式其实还是单利。

如果我坚持认为，不管我借多少年，都只能按照本金为x来计算利息。那么，事实很清楚：若不是你傻，那只能是我坏。所以，利息是合理的，复利也是合理的。其实，单利才不是唯一合理的，甚至有悖天理。

长期以来，人们不仅误解金钱，也误解利息。比如，亚里士多德始终坚称钱不是活物，所以天然不具备繁殖能力。所以，借钱收息，不管单利还是复利，只要收利息，那就是有悖天理的。不管亚里士多德错得多离谱，他的观点到现在还在影响着许多人。

亚里士多德没想过钱是最灵活的生产资料，那么他也就没有想过，钱其实等同于任何可以用它从整个社会换来的活物。就这样，钱相当于间接拥有了繁殖能力。

当然，被误解最深、最广的，肯定是复利。"利滚利"和"高利贷"这两个完全不同的概念，在日常生活中经常被对等互换地使用，古今中外皆如是。而公开谴责复利的名人也多到数都数不过来的地步，随便罗列几个，比如莎士比亚、牛顿、凯恩斯等。

复利这个东西，从几千年前谷物借贷时就存在。到今天，全世界所有允许信用卡发行的国家，银行计息用的也都是复利计算方式：按日收单利，按月收复利。

我们可以恨它，可以骂它，可以谴责它、诅咒它，可无论怎样，到最后还是得与它共存。这是所有真相的共性：真相不灭，也不为任何人的意志而转移。

再进一步，单利其实是线性增长的，复利是指数增长的。

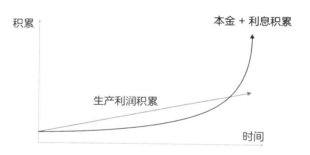

指数增长令人迷惑的地方在于，它在相当长的一段时间里，低于线性增长。然而，它的增长速度就好像是有加速度一样，不仅涨得越来越多，还在涨得越来越多的同时涨得越来越快。

在那个数学名词尚未创造的年代，甚至连文字都很原始的年代，放贷者和借贷者之间的知识差异就已经存在。人群中极少数的放贷者几乎很快就凭直觉掌握了这个秘密；而绝大多数的借贷者从未真正有机会去理解这个所谓的秘密，只是因为攒钱太困难了。在整个社会发展过程中，他们总是要等到落入利息差的"陷阱"之后才大惊失色。

⑮
股权其实约等于债权

很少有人会认为买股票和放贷是一回事。股权和债权，尽管明显不是等于关系，但的确是约等于的关系。

过去，企业（规模化的生产者）借钱的时候，因为没有现代化的金融市场，所以只能靠抵押去融资。但有了金融市场，也就是股票交易市场之后，企业多了一个融资方式：通过售出部分股权换取资本。

作为放贷者，即用资金作为生产资料进行生产的人，突然之间多了一种放贷方式，就是买股票。以前是在收取抵押物的同时拿回一个欠条，而后到期找对方偿还本息。现在呢，拿回来的股票相当于既是抵押物，又是欠条。

这些股票和传统的欠条不一样的地方在于，股票既可拆分又可交易，因为股票交易市场的存在。于是，产生了一个惊人的结果：

> 从企业角度来看，企业竟然借到了一笔永远不用还的钱。

从放贷者的角度来看，突然之间多了很多好处，比如以下两点：

放贷者过去拿到的抵押物，比如房产或者地产，很难切分转让。难道可以把一套房里的某个房间或者某个角落单独卖出去吗？股票却不一样，可以随时选择卖掉

10%或者30%。

到了今天，哪怕不做任何解释，大家也都知道，在股票市场上，"很多很多倍的收益"是的确存在的，并且也确实符合最基础的认知：用钱生产钱需要很久很久的时间。所以，长期持有策略一直被证明是有效的。

2019年12月16日，是可口可乐公司上市100周年。在这100年间，可口可乐公司为投资者创造的回报，相当于年化复合（就是复利）15%。

$1×（1+15\%）^{100}=$？

你自己算一下吧，看看是多少倍。等看到结果的时候，很多人都会真真切切地惊呆很久。

16

投资与投机的根本区别

从利息的出现（在公元前约 4000 年以前）到股票市场的萌芽（公元 1602 年），在人世间发展了五六千年的时间。而后又经过 400 多年，股票市场才发展成今天的样子。

据说，爱因斯坦将复利称作"世界第八大奇迹"，并继续说道："懂的，因之而赚；不懂的，因之而亏。"

> Compound interest is the eighth wonder of the world. He who understands it, earns it; he who doesn't, pays it.
>
> ——Albert Einstein（1879—1955）

要时间足够久，风险一定会出现。

如此看来，"投资有风险，决策需谨慎"是一个实际上产生更多误导的好心建议。直接说"投资决策需谨慎"又好像没必要。别说投资了，请问：做什么决策不需要谨慎呢？

"投资有风险，决策需谨慎"这个建议造成的另外一个误导就是，它使绝大多数人忘了考虑"硬币的另一面"：不投资也有风险，决策同样需要谨慎。

投资的核心目标和核心优势都是为了摆脱自身的时间限制。不投资的意思是说，终身只用自己的时间去拼，那可真的叫"拼命"啊。在我看来谁都一样，人只有一条命，真不够用呢。

用"时间成本反向评估"去理解的话，投资的时间成本竟然是这样的：

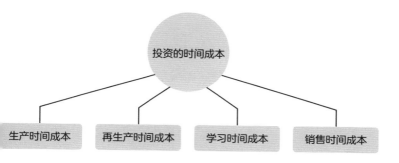

没有生产时间成本，没有再生产时间成本，没有销售时间成本，全都是别人的时间！甚至，连生产的学习时间成本都是零，因为那还是别人的时间。至于"学习如何投资"的确需要花自己的时间，可那学到的东西其实是可以无限次复用的，所以"自己的时间消耗"依然约等于零。

再换个角度看：

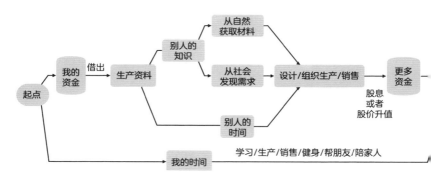

如果有机会购买全世界最佳企业的股票，那这种投资太美好了，仅"它肯定能跑赢我作为普通人的生产效率"这一个理由就足够了，更何况还不用花自己的时间。更美好的是，全世界最好的企业大概率已经上市，并且几乎所有人都看得见、都知道。为什么呢？因为早就有很多聪明人帮我分析过了，"苹果"很好，"网飞""亚马逊""特斯拉""微软"等也都挺好。这不用我去论证，也没有人可以反驳，就算有人反驳也可以不理会。

> "AN ATM"[2]，是我个人的一个投资组合，包括"苹果"（Apple）、"网飞"（Netflix）、"亚马逊"（Amazon）、"特斯拉"（Tesla）、"微软"（Microsoft）。从2017年我公开的"GAFATA"组合于2020年前后调仓而来。"GAFATA"是Google、Apple、Facebook（现在已改名为Meta）、Amazon、Tencent、Alibaba。
> 另外，港股中也可以有"ATM"，即"阿里巴巴"（Alibaba）、"腾讯"（Tencent）和"美团"（Meituan）。

普通人选择股票的方式很简单，首先是在生活中尽

2　该投资组合仅作实例展现和分析，不构成任何实质性的投资建议。

量选择最好的商品。然后，不仅购其商品，还要同时买其股票——没了。

无论是"AN ATM"还是"GAFATA"，都是我自己生活中必用的商品或者服务，在用之前，就已经挑过了。有没有什么极好的商品或服务我竟然没用过呢？当然有，可是，我没用过的就算了，反正实际上并无所谓。

我连财报都懒得看，因为最好的公司在财报上作假是最不划算的。我是会计专业出身，所以并不是看不懂财报，我只是觉得，看财报挑股票很像是非要在垃圾堆里找到金子一样。可问题在于，金山就明晃晃地立在那里，何必呢？

普通人有没有办法轻松躲避所谓的风险呢？有。通常普通人很难直接做到长期持有策略，毕竟，谁都不大可能从一开始就有足够量的资金一下子扔在那里不管

复有递归效果。

"每天早上跑步",就是个递归过程。昨天早上跑步之后,人就发生了变化,跑步之前和跑步之后是不一样的,可能更健康了一点点,或者更强壮了一点点。今天早上再次重复跑步这个过程的时候,就是把上一次执行的"输出"当作这一次执行的"输入"。

迭代的增长效应是巨大的,因为它是有积累的重复,弄不好会产生复利效应。一切复杂系统的发展,都是靠且只靠迭代。通过反复迭代极为简单的规则或者过程,就可能发展出极为复杂且难以想象的结果。举例来说,基因仅靠复制和变异就发展出地球上如此丰富的生命世界。另外,同样的道理,复利的计算过程也是迭代,即递归的重复。

类比来看,很可能真的就是这么一点点的差异——对犹太人来说,教育是生活必需;而对其他民族来说,却不一定是——通过几百代的迭代发展出了当下如此惊人的差异。

如果能允许我再改良一下这个极为简单的最基础的规则,我就想把"教育"换成更为具体的"自学",把自学当作生活必需,与"衣食住行"放在一起。反正,天下最有用的东西,到最后都一样,都只能靠自学。

同样的道理，当我们思考后得出结论：人们生活艰辛的根本原因，只不过是因为太过远离生产。简单的思考，简单的结论。但它广为人知吗？被普遍接受吗？并没有。我们眼见的事实是截然相反的：人们在不知不觉中选择了另外一条路，还理直气壮。至于简单且正确的道理，虽然就在那里，但总是被忽略、被误解，甚至干脆被拒绝。然而，随着时间的推移，这个简单的差异最终会发展成天壤之别。

⑲ 时间事实上相当充裕

时间是我们的终极生产资料，我们这一生的所有其实都是从自己的时间里挖掘出来的。让我们把之前的示意图再修订一下，然后重新认真审视：

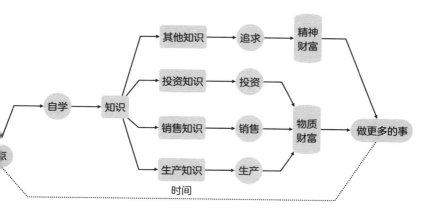

看着这张示意图，我们只能得出同样的结论：善待自己的时间吧。

不然呢？把时间花到哪里最值？只有自学。自学什么呢？根据重要程度依次是生产知识、销售知识、投资知识。其他知识也不是不学，因为除了物质财富之外，我们的确也需要精神财富。

然后呢？我们就能做更多的事，即所谓的"花掉时间赚到钱、做更多的事"。

实际上，这是时代的恩惠。过去，人们的时间就不可能够用，不可能像现在和未来那样充裕。由于科学技术的进步、社会医疗环境的改善，在过往的一小段时间里，全球范围内人们的平均预期寿命大大延长。

仅在2000年至2019年之间，人类的平均预期寿命延长了6年，从66.5岁延长到了72.8岁。在1979年的时候，人类的平均预期寿命只有60.2岁。2019年，中国人的平均预期寿命是77.4岁；而1950年的时候，中国人的平均预期寿命是43岁；1800年的时候，中国人的平均预期寿命只有29岁。

平均预期寿命（1770—2021年）

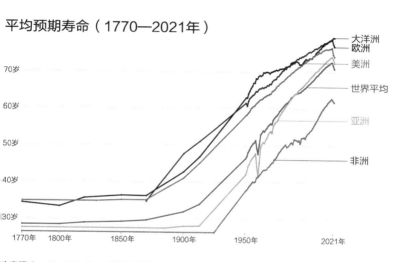

大洋洲
欧洲
美洲
世界平均
亚洲
非洲

70岁

60岁

50岁

40岁

30岁

1770年　1800年　1850年　1900年　1950年　2021年

本表据 Our World in Data 所制表重绘。
原表链接：https://ourworldindata.org/life-expectancy
数据来源：①联合国人口司 2022 年人口展望计划，该计划提供关于全球人口趋势和预测的数据。②
Zijdeman 等学者 2015 年发表的研究成果。③Riley2005 年发表的研究成果。
注：本表对平均寿命预期的定义是，如果出生年份的年龄特定死亡率在整个生命周期内保持不变，
那么新生儿预计能够活多少年的平均数。

事实上，人们的平均预期寿命与当地的人均GDP（人均国内生产总值）正相关。由于过去几十年里中国经济的持续发展，中国人的平均寿命预期目前已经相对较长：

平均预期寿命与人均GDP对照（2018年）

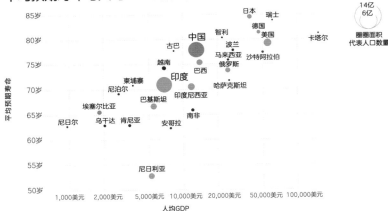

本表据 Our World in Data 所制表重绘。
原表链接：https://ourworldindata.org/life-expectancy
数据来源：①麦迪逊经济历史数据库 2020 年数据。②联合国人口司 2022 年人口展望计划，该计划提供关于全球人口趋势和预测的数据。③Zijdeman 等学者 2015 年发表的研究成果。
注：以 2011 年国际美元为标准，调整后抵消了汇率和通胀的影响。

与此同时，从全世界范围内来看，国内生产总值呈指数型增长。以下是公元1年到公元2015年，总计2000多年间的全球国内生产总值的变化曲线：

公元1年以来全球GDP变化

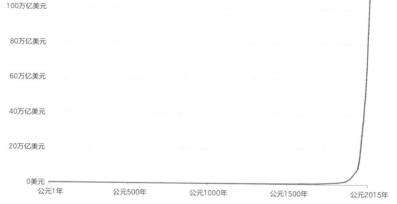

本表据 Our World in Data 所制表重绘。
原表链接：https://ourworldindata.org/economic-growth
数据来源：世界银行及麦迪逊经济历史数据库 2017 年数据。
注：以 2011 年国际美元为标准，调整后抵消了汇率和通胀的影响。

可以预见的是，由于生产效率的持续提高，人类的平均预期寿命还会进一步增加。也就是说，我们之所以可以白手起家，之所以可以"只从自己的时间里挖掘一切"，最大的根基来自时代的恩惠。

出生在这样的时代，是原本不可企及的运气。

20

全球经济水平总体持续向好

　　为什么说"全球经济水平总体持续向好"呢？原因有两方面：一方面，是我们所拥有的时间实际上相当充裕；另外一方面，是我们的生活成本，尤其是生存必需的成本，事实上一直在持续降低。这主要源自生产效率的加速提高。

　　以"光明"的成本为例，4000年前，古巴比伦人用芝麻油点灯，那时候，一个人一天的工作只能换来10分钟的照明；18世纪，人们开始用煤油，于是，一个人一天的工作能换来5个小时的照明；20世纪初，电力才开始普及起来，之后一个人一天的工作能换来多少小时的照明呢？笔者没有查到具体数据，反正，除了照明之外，还可以购买很多别的东西。

　　到了今天，我们一天工作所能获得的收入，能买到的照明时间是200年前的20000倍以上！

　　不断降低的不仅是光明的成本。衣食住行，各方面的生活必需成本都在持续降低。最重要的是，安全的成本也随着社会技术的进步而不断下降。除了法治的发展在起作用之外，科学技术也在悄悄极速降低安全成本。

　　比如，今天人们出门几乎完全不再担心扒手了，因为人们已经不用现金很久了。但真的很久吗？我写这些文字的时候是2023年；《天下无贼》是2004年的贺岁片；而另外一部根据真人真事改编的电影《神探亨特张》于2012年上映，讲述的是北京市海淀区双榆树派出所的一名便衣民警每天抓小偷的故事。

　　在距今仅仅10年的时间里，突然之间，大街上的摄像头多了起来，直到无所不在。它们无疑对犯罪率的降低起了最大、最广、最重要的作用。再比如，无所不在的导航系统和定位装置，消灭了几乎所有的偷车贼。

　　不仅是生活安全，连金融安全都在不断改善中。2018年开始的经济衰退、2020年突然出现的新冠疫情、2022年全球范围内出现的青年失业率提高等现象，让悲观情绪四处蔓延。事实上，他们只是没有把"思考时间跨度"拉得足够长而已。一旦把它拉长到一定程度,能看到的就是截然相反的景象:无论如何,我们都生活在最好的时代,并且发展一如既往地势不可当。

经济危机是发展过程中必然经历的阶段。令人高兴的是,从历史趋势来看,经济危机的持续时长正在不断缩短,因为越来越高的生产效率正在发挥越来越强的经济调节作用。受1929年开始的"大萧条"影响,金融市场从断崖下降到最低点开始重铸,消耗了整整4年,总计48个月;受2007年年底开始的"金融海啸"影响,股票从2007年10月跌到2009年3月,而后开始从最低点重铸,只经历了1年5个月,总计17个月。

无论如何,明天会更好。就算偶然不好,恢复得也越来越快。

21
生产、销售、投资的可能

在农耕时代，人们生产的商品或服务的种类实际上相当有限。可现在呢？虽然没有具体的统计数据能表明，在过往那么多年里人类所生产的商品或服务，到底增加了多少，增加了多少倍，但毫无疑问的是，它肯定经历了"几何级数"的增长。我们的确生活在生产机会最多的时代。

进而，生产知识的获取成本，也比过去低很多。毕竟，再也不是"传男不传女"的年代了，搜索引擎随时可用，甚至连人工智能都基本免费。

对普通人来说，更重要的是销售机会的增长与普及。在遥远的过去，成为商人并非易事，仅仅社会安全本身就构成难以逾越的门槛。随着社会技术的进步，曾经的镖局纷纷退出了历史舞台，1921年，中国最后一个镖局"会友镖局"关停。回头看，这只不过是近百年的事情而已。

中国互联网普及之后（其实也只不过是最近20年的事情），全球出现了同样的趋势：人人都可以销售。"自媒体"这个概念直到2001年才被提出——出自美国著名IT专栏作家丹·吉尔莫。这个概念在中国普及时已经差不多是10年后了。真正的标志性平台是于2012年8月23日正式上线的"微信公众平台"。虽然，在此之前微博于2009年8月上线。

全世界都一样，自媒体的商业模式本质上全是销售，要么投放广告，要么"带货"。突然之间，互联网打破了物理距离的限制，好一点的自媒体所拥有的流量都可能超过任何一个一线城市里百货商场的人流量。突然之间，销售渠道和销售场所的构建，竟然不需要成本高昂的场地了，也不需要相对优越的位置了，甚至完全没有上限，还有可能跨越国界。

越来越多的人，在不知不觉之间已经变成了商人。相对于遥远的过去，这是多大的进步啊！

经过几十年的发展，互联网最终吞噬了整个世界。"超级App"开始出现。在中国，最普及的就是微信。根据腾讯控股公布的2022年第四季度的全年财报，微信的月活跃用户超过10亿，QQ超过7亿。与此同时，抖音的月活用户超过10亿，微博的月活用户也超过了1.7亿。超级App把所有人都连接了起来，销售渠道的建设机会从来没现在这么多过，它的建设成本也从来没有这么低过。

换言之，当前普通人的销售机会，无论从种类还是从规模来看，是10年前无法具备的。

让我们再看看投资机会。世界上第一只股票"荷兰东印度公司股票"于1602年公开发行。第一个政府批准成立的证券交易所是伦敦证券交易所，它于1802年成立，距1602年已过200年。

1891年，上海掮客公会成立，1904年更名为"上海证券交易所"。1990年11月，深圳证券登记有限公司开始试营业。1990年12月19日，上海证券交易所举办开业典礼。2023年2月1日，证监会宣布全面实行"股票发行注册制"改革正式启动，而且新股上市后的前5个交易日不设涨跌幅限制。

股票发行注册制的启动是中国股市的真正希望，它意味着金融市场从根本上全面市场化，即股票价格距离"真正代表企业价值"更近了一步。用我们的话来讲，这是一次社会技术上的飞跃。

事实上，长期持有策略从未有人质疑。问题在于两方面：一方面，社会技术没有达到一定程度的话，那么投资安全事实上就没有保障；另一方面，也更关键，自身寿命不够长。

过去的人们平均寿命相对短很多，且由于过去生产效率低下，攒钱（把零钱用足够久的时间积累为资金）的难度太高，完成所需要的时间实在太久，以至于可用来投资的时间实在太短。现在呢？现在不一样。

遥远的过去没有金融市场。而整个社会技术趋于成熟，只不过是近几十年的事情。于是，理论上人人都可以投资，人人都可以突破自身的时间限制。于是，普通人有今天这样的投资机会，再一次，只能表述为"时代的恩惠"。

㉒
个体时间的实际形状

在物理学中，"时间"被认为是一个矢量。而"时间"和"空间"构成的"时空"是一个曲面，受重力的影响，重力和质量相关。

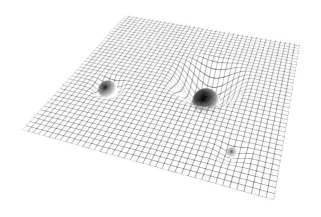

这个知识影响了绝大多数人的感知，人们在不知不觉间把"时间"理解为一条射线，从自己的出生指向未来。

然而，我们也许应该修正一下对"自己的时间"的认识和感知。在我看来，它可能不止一条射线，它更像是一根直径不断扩大的管道，通往未来。

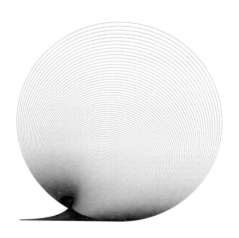

时间就好像是个容器，里面装着的是过往到现在经历过的所有人、做过的所有事。显然，每个人的时间容器大小不一。

时间这个容器有起点和终点，但在起点和终点之间，时间更像是一根管道，而不仅是一条直线。有的人单位时间里做的事情比别人更多、效率更高，那么，此人的时间和别人的时间不一样，直径更大，管道更粗；有的人在很长时间里什么有意义的事都没做，那么，此人的时间在那段时间里，只不过是一根直线而已。

2020年的时候，我做过一场回顾讲座，主题是"十年五本书"。我从2003年开始写书，6年写了2本：《TOEFL 核心词汇21天突破》和《TOEFL iBT高分作文》。从2009年出版《把时间当作朋友》算起，随后的10年里总共写了5本书，另外4本分别是《财富自由之路》（2016）、《韭菜的自我修养》（2018）、《自学是门手艺》（2019）和《让时间陪你慢慢变富》（2019）。

> 我的时间直径越来越大，我的时间管道越来越粗。

2022年4月，我遇到一个令我特别恶心的坏人，对我做了很多坏事，搞得我心情极其糟糕。到了5月份，我开始想办法转移注意力。当然，这种做法对我来说已经习以为常：遇到问题解决问题，能解决多少就解决多少，无论解决得怎样，下一步都应该是干活儿去，并且，最好干赚钱的活儿去。

干什么活儿赚钱呢？生产、销售、投资。反正，绝对不能把时间这个终极生产资料浪费到没有产出的地方去。

我开始写课。2019年之后，我更多讲课而不是写书，准备课程的工作量只比写书略微大一点，然后再通过社群将课程销售出去。从2022年5月12日开始，先是"好的家庭教育"，后来更名为"家庭教育的真相"，而后是"学习的真相"，再然后是"教练的真相""人工智能时代的家庭教育变革"（已由"得到"平台发布），以及现在的"财富的真相"。

从刚开始的6年2本书，到后来的10年5本书，再到现在的1年5本书。我的时间直径越来越大，时间管道越来越粗。到最后，连我自己都有点震惊。从2003年到2023年，整整20年过去了，站在起点上的我全然无法想象现在的情况。

之前，当我们说起"我们的时间相当充裕"的时候，我们只是把时间当作一个矢量，描述的是它的长度正在以越来越快的速度变长。现在我可能多少讲得更清楚、更明白了，关于"人人都能白手起家"的自信来自何处。

我们的时间不仅是一条射线，它其实是个可以越来越粗的管道。

到最后，大家相互之间可以比较的，不是长度，也不是面积，而是体积。仅比较一维的长度，能有多大差异呢？如果比较每时每刻的面积呢？那差异就大了，人和人的生产效率大不相同，十倍甚至数十倍的差异也并不令人惊讶。

然而，实际比较的甚至不是面积，而是体积，那差异可就太大了，难以想象。生产效率的提高，事实上是有复利效应的，只是很多人不相信而已，也有很多人费尽口舌向别人证明相信复利效应太天真甚至太愚蠢。又，做到的人是如此之少，以至于我只能拿我的个人经历作为例子去说明。

幸亏，我这20多年里在这方面的经历，的确罕见的公开透明。

你还觉得时间不够用吗？

售，于是，在赚钱这件事上，我从未觉得过分吃力。

后来我开始写书，也就是用最抽象的生产资料进行的生产，且再生产时间和销售时间都等于零的生产。于是不知不觉之间有了积累，之后我进入了投资领域，又经过了十余年的时间，我彻底实现了"时间自由"，而不仅仅是"财富自由"。回头看，我并没有比别人更聪明，甚至不见得比别人更努力，但我通过正确路径的选择，的确享受到了"时代的恩惠"。

实际上，在这样的时代里，实现财富自由并非难事。虽然很多人感受不到，也不敢相信。可事实上，这都不过是基于当初的"路径选择错误"而已。比财富自由更为宝贵的，实际上是时间自由。

时间自由并不见得能够自然而然地让人做更多的事。毕竟，这世界上有很多人，时间多到不仅可以浪费，甚至还要"杀掉"的地步。我个人的观察和总结是：

> 只有通过提高生产效率获得的时间自由才可能自动保证"做更多的事"。

因为对没有生产能力的人来说，时间只不过是一条射线，瞬间没有面积，长期没有体积，时间更不是什么生产资料。于是，时间只能"无聊"，无聊到"浪费"都不舒服，必须到"杀掉"的地步。

对有生产能力的人来说，时间这个东西实在是太美好了，它可以用来造任何东西，做无数的事情，甚至连亲情或者爱情都可以用时间"酿造"。并且，随着生产效率的提高，时间的可能性更多、更大。"无限的可能"不就是"罕见的自由"吗？

这就是我们痴迷于学习、不吝于学习任何技能的最激动人心的理由了吧！这本书里几乎所有的重要插图，都是我自己画的。我当然不是美工专业出身，然而，只要这个技能有必要，我就肯花点时间去学，以便提高自己的生产效率。比如，第22章的"时间管道示意图"，总计由292个直径越来越大的圆组成。如果不会写几行代码的话，我自己手工肯定画不出来。如果我不是一个什么都学的人，那么我就得去找插图师帮忙。这样一来，效率如何呢？原本对我来说，几分钟就可以做完的事情，现在可能需要若干天反反复复，还不一定满意。

到最后，做一个对整个世界都有用的人也不见得多么不可企及。我当然做不到像埃隆·马斯克那样"上天入地"，颠覆一个又一个行业，甚至干脆彻底改变世界。可后来我也找到了一个自己能干的事：我种树总可以吧？从2016年开始，我出资在各地种树。最初是从敦煌那里开始，到现在已经快7年了，中间经历过旱灾和风暴，可已经有很多苗林变成了树林。说实话，种树并不贵，甚至感觉挺便宜，只不过，有心、有时间且不关心回报的人的确不多。

我相信，只要摆脱生活必需的支出负担之后，任何生产者都能找到各式各样对自己、对家人、对朋友、对社群，甚至对整个世界更有用的事去做，可能性无限。

24
反作用于生产的因素

　　如果你是生产者，甚至是有效生产者，或者哪怕只是一个有志于成为生产者的人，那么你就要知道有一些东西是天然"反生产"的，绝对不能碰。

　　首先是毒和赌。

　　这两样东西的最终受害者极大可能在最初只不过是基于"试试"或者"玩玩"的天真，抱着"一次两次又不会怎样"的侥幸心理开始的。殊不知，这两样东西连碰都不应该碰。

　　"毒"这个东西，沾上之后压根没有戒掉的可能，因为它会瞬间改变大脑结构。原本神经元之间的连接是需要通过大量重复，花很长时间才可能建立的，可在毒品的作用下，原本不相干的神经元之间，几乎瞬间就可以建立很强、很顽固的连接。随后，这些因为毒品作用建立起来的神经元连接完全无法消除。毒品没有轻重之分，哪怕"舔蛤蟆"这样被认为是最轻的毒品摄入，对脑神经的影响和损害都是极为强烈的。

"赌"这个东西，同样对脑神经的影响巨大。因为无论输赢，它都同样令人上瘾。输了，想要赢回来；赢了，想要赢更多。到最后，输赢不重要，输赢的金额也不重要，大脑中的许多神经元已经紧密地相互连接，只渴求结果出现那一刹那的悸动，无论是怎样的结果。

"毒虫"和"赌棍"的大脑是被破坏了的大脑，不再是可以正常运转的大脑。形象地讲，他们就好像是电视剧里的"僵尸"，大脑能处理的、想要处理的只有一样：不停歇地满足那唯一且不断的冲动。除此之外的一切，与之相比都微不足道，甚至并不存在。他们的家人在痛苦之中喃喃自语的，竟然是全世界统一的一句话："他原来不是这样的……"

这是事实，那个人原来真的不是这样的，但真的只不过是瞬间而已，却在那之后，再也不可能是原来的那个人。

当然，比毒和赌更为普遍的是虚荣。

"虚荣"的定义可以非常清楚：

> 用来消费的钱并不是通过自己生产赚到的，却不以为耻反以为荣。

有钱人其实分为两种：一种靠自己通过有效生产赚到钱，另一种靠向别人索取获得金钱。

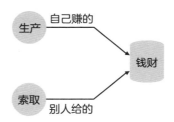

最明显的例子就是那些"迈入豪门的人"，或者那些"富二代"。这些人看起来富裕，也的确有钱，相对于大多数人来说，他们更有钱，甚至太有钱。

真的吗？

让我们花几秒钟学个概念，富裕指数：

$$富裕指数 = \frac{自己的生产收入}{自己的消费支出}$$

如果一个人的富裕指数=1，那么此人不穷不富；如果富裕指数<1，那么他贫穷，富裕指数越小越贫穷；如果富裕指数>1，那么他富裕，富裕指数越大越富裕。很简单、很直接、很清楚。

很多所谓的有钱人，他们的实际困境在于他们的消费支出很大，与此同时，他们的生产收入等于0，甚至小于0。比如，他们中有很多，其实也想做点生意，但总也做不成，不赚反亏。

所以，他们很有钱，也很能花钱。可问题在于，他们越有钱、越能花钱，直接导致的结果就是富裕指数远远低于1，无限接近于0，甚至干脆就是0。

越是虚荣的人，富裕指数越低。并且，虚荣同样消耗时间，越是虚荣，消耗的时间越多，无论是生产力还是生产效率都会因此降低。更为严重的是，虚荣天然就会招致攀比，导致虚荣的成本越来越高，恶性循环的结果就是生产力只能越来越趋近于0，于是富裕指数最终只能定格在0。永远没有翻盘的可能。

还有一些人，确实自己通过有效生产赚到了钱，可他们竟然常常返贫，就是老话所说的"眼见他起高楼，眼见他宴宾客，眼见他楼塌了"。返贫的核心原因都是一模一样的：消费支出的增长速度远远超过生产收入的增长速度。

中国改革开放之后的40多年时间里，出现了大量所谓的"中产阶级"。可是，一旦经济下行的时候，他们中的绝大多数都一夜返贫。怎么回事？他们并不是没赚到钱，他们的问题是赚到了钱却无法控制支出。生活中太多的花销压根就不是必需的，而是来自各个角度的欲望。欲望这个东西没有尽头，如果不能适当控制，它其实有能力让任何人返贫，不管其生产能力有多强。

　　当然，最反生产的因素，莫过于对金钱或者财富本身的误解。

25
贫富差距是不可避免的

1995年，我23岁，刚从大学毕业、步入社会的我像所有年轻人一样迷茫，多少有点不知所措。

同年，有一篇论文发表，次年由MIT出版社出版：《成长中的人工社会 —— 自下而上的社会科学》。我当然不可能当场读到它。20年后，我才有机会碰到它。

请你动动手，在电脑上下载"NetLogo"[3]，安装好之后在它的"模型库"里搜索"sugarscape"（可以翻译为"糖杆"），就可以找到这本书里提到的3个基础模型，不妨先分别打开全都玩一遍。

---

3 NetLogo：由美国西北大学乌里·威尔恩斯基博士于1999年开发，是一个用于模拟自然和社会现象的编程语言和建模平台，适合模拟随时间发展的复杂系统。

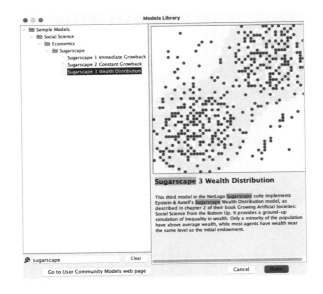

模型的初始状态："糖杆"集中放置在东北和西南两角

这个模型的基本描述如下：

首先，设置一个棋盘，相当于"土地"（比如 50×50的格子数量）。

而后在棋盘格子里随机放置一些"人口"（比如 400个）。

棋盘的每个格子里可能有也可能没有"糖杆"（由糖构成的杆；糖的数量随机，1~5个单位），相当于"资源"。

棋盘里的"糖杆"，大部分被分别集中放置到东北和西南两角的"糖山"上，映射真实世界的资源分布不均，总是有些地方相对更富饶，而另外一些地方相对更贫瘠。

每个人都一样，从当前位置观测四个方向，向无人占据且所在"糖杆"最高的方向移动。在消耗一个单位的"糖"的同时获得那个格子里的所有"糖"；四周没有"糖杆"的话，随机决定朝某个方向移动。

每个人都有"视觉"，由一个初始值加上一点随机变动；"糖"越多的人视觉相对越强（比如，能多看穿一个或者几个格子）。

每个人每移动一步会消耗"糖"（"糖"也的确是人类的"能量"来源），而每个人都有"新陈代谢率"，由一个初始值加上一点随机变动。"新陈代谢率"的高低，取决于两个因素：一，移动少的人"新陈代谢率"低，移动多的人"新陈代谢率"高；二，"糖储备"越多，"新陈代谢率"越低。

如果某个人在"糖储备"全部消耗之前没有找到新的"糖杆"，那么此人就会死亡。

在"NetLogo"里，"Sugarscape"的第一个模型

叫作"收割后马上恢复"，这个意思是说棋盘里的"糖杆"，被某个人收割之后会马上长出同样高度的"糖杆"。启动没多久之后，人口就会从起初的400降到一个稳定的数值（比如253，每次运行的结果可能不一样）。毕竟资源有限，能够支撑的人口最终同样有限。

活下来的人，"视觉"整体上都提高了一点点。

活下来的人，"新陈代谢率"整体上都降低了一点点。

关键在于，人与人之间的贫富差距逐步显现，而后稳定存在。主要决定因素是谁出生的时候周边"糖杆"最多。到最后，大家都不动了，因为他们各自都找到了"糖杆"够用的格子。

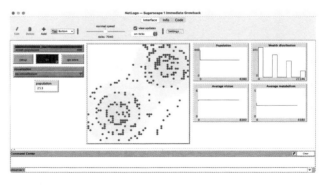

第一个模型"收割后马上恢复"的运算结果

"Sugarscape"里的第二个模型叫作"收割后逐步恢复"。这个意思是说，棋盘里的"糖杆"，被某个人收割后，会长出同样高度的"糖杆"。只不过，不是一步长出。这意味着每一步之中，最高"糖杆"的位置在不断变化。

　　和第一个模型相同的是，人口数量会下降稳定到一个数值，活下来的人"视觉"都提高了一点点；贫富差距依旧相对稳定存在。不一样的是，在这个模型里，活下来的人在不断移动。可是，"新陈代谢"下降更多。

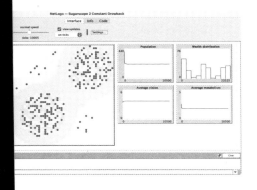

第二个模型"收割后逐步恢复"的运算结果

　　第三个模型叫作"天生糖储备"。这次的改动是，为每个人增加了一个随机的天生糖储备（比如，最少5个单位，最多25个单位），映射到人类社会就相当于是家庭条件。在前两个模型里，贫瘠地区的人口很快就消失了，这一次不一样，即便在贫瘠地区，也有人继续生存、继续移动。

关键在于，有些个体有更多的"天生糖储备"，再加上足够的运气——恰好一路都可以找到适量的糖杆，于是，它们的活动范围不再集中在出生地附近，而是可以在两座"糖山"之间反复游走。贫富差距同样逐步出现，同样大致稳定，基尼指数在一个区间里变化。

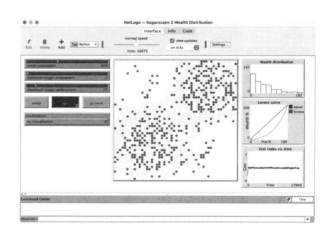

第三个模型"天生糖储备"的运算结果

到此为止，这个人工社会里还没有贸易、战争、社交，甚至没有性别，所以也没有繁衍。只有最基础的生死，以及天然的资源不均。可是，贫富差距已经反复出现，并且总是可以趋于稳定存在。

这个研究的作者继续添加了很多起始条件，去研究各种社会现象。比如，增加了"性别与交配"的设置，没多久，就出现了稳定繁衍的大家族，虽然起初肯定是全靠运气，但很快大家族就开始长期稳定地保持着相对优势，运气的作用逐步降低到一定程度；又比如，增加了"交换"行为，就会出现专门从事交易的个体，甚至，两座糖山之间很快会出现一条或者多条"贸易道路"；再比如，如果增加了"借贷"行为，就会自然产生利息，很快专门从事金融的个体就会出现，甚至会出现金融中介机构。

这个模型的提出与反复检验，极大程度上颠覆了过往社会学家、历史学家、经济学家的底层观念。或许，更有可能且合理的解释是，贫富差距是从一开始就无法避免的，因为资源分布天然不均。

26
对现状不满的根源

进入21世纪后，全球范围内不约而同地出现了厌世情绪，以至于在事实上人类史上最好的时代里，竟然有很多人持有末日世界观。到底怎么回事？

一句话的解释：

> 社交网络前所未有地展示并放大了真实的贫富差距。

在基于互联网的社交网络盛行之前，人们对自我的生活幸福感和满意度其实是相当高的，因为没有比较或者很少比较。人们线下的社交网络受"邓巴数字"的限制：

> 英国牛津大学的人类学家罗宾·邓巴教授，根据猿猴的智力与社交网络推断，人类智力将允许人类拥有稳定社交网络的人数是148人，四舍五入大约是150人。这就是著名的"邓巴数字"，即，人类的社交人数上限为150人，精确交往和深入跟踪交往的人数为20人左右。

又因为人们普遍生活在属于自己的圈层之内，平日里对贫富差距感受并不强烈，就算偶尔感受到，也不会有什么过分的反应，很快就回到自己原本的生活中去了。毕竟，生活的幸福感和满意度的确并不完全取决于经济因素。

突然之间，全世界都被连接了起来，人们一下子看到了原本不可能看到的全貌。经济上，人们的差距还很大。中国14多亿人口，竟然有10多亿人没坐过飞机（2019年经济学家李迅雷撰文指出）；3亿~5亿人没用过抽水马桶；6亿多人月收入也就1000元左右；与此同时，在很多城市里，人均单次消费1000元以上的餐饮娱乐场所比比皆是。

不仅如此，社交网络还在有意无意地夸大这些差异。在朋友圈里发个"美颜"过的照片，还得拿"生图"作为基础修改呢，可对自己的收入进行"美颜"实在是太简单了——只要随便说、随便写就可以。在某个问答平台上，"年入百万"都是入门级，"谢邀"之后得先说"刚下飞机"，再说"今天头等舱的餐有点难吃"，而后再提到自己正在国外的一个国际机场喝着咖啡写回复……

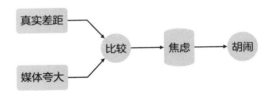

比较之后的失落，令人格外沮丧。原本幸福不过是"比自己的妹夫多赚20%"，现在对绝大多数人来说，连这样的"幸福"都被打破碾碎，顿觉"日子没法过了"。于是，他们压根想不起来自己其实活在人类史上最好的时代。

更大的关键在于下一步：

| 体会到差异之后，却找不到解决方案。

在经历了3年疫情之后，经济环境暂时恶劣的情况下，到了2023年5月，有报道称"网约车行业近年来涌入了大量司机，但乘客数量增长却已停滞，出现市场饱和、平台竞争加剧、司机收入下降等问题"。仅仅两个月前，另一篇报道是"外卖骑手饱和，部分骑手表示很早之前就已经人多单少了"。还有一个惊人的数据是"美团外卖员本科率达30%"。如此看来，现在大多数人做的事情从本质上来讲全都是在直接出售自己的生产资料而已。

之前就做了很差的选择——为了直接出售自己的生产资料而接受教育；失败显露之后，进一步做出了更差的选择——继续直接出售时间这个终极生产资料，并且选择的还是根本就无法持续学习的工作。

没有人教他们生产、销售、投资的必要性和重要性，到最后社会上极大比例的人心理上直接鄙视生产、鄙视销售、厌恶投资。然后在做出最差选择的同时，因为最差的选择所获得的最差结果而出离愤怒，抑或无可奈何。

而所谓的"戾气"，不就是无可奈何的出离愤怒吗？

然而，如果可以正确理解贫富差距的根源，就有可能找到解决方案，也就不会无可奈何，更谈不上什么出离愤怒。所谓的"平和"只不过是正常的普通或普通的正常而已。

贫富差距最初的确只是自然现象，但随着时间的推移、社会的进步、发展的持续，今天的贫富差距已经越来越出自生产效率的差异，至于最初的资源分布不均早已不再是关键因素，更不是决定因素。

"含着金钥匙出生"在过往的年代里的确是不可逾越的优势。那时人类的平均寿命太短，社会不公太深、太普遍，生产机会和销售机会都很少，投资机会压根就不存在。

可现在的确不一样了。一方面，我们有足够的时间，使我们有足够的机会，用足够低廉的成本获得足够有效的知识；另一方面，也是因为我们有足够的时间，让我们有机会重新来过。

反过来，在这样的时代里，"含着金钥匙出生"反倒可能遭遇所谓"资源的诅咒"——因为父母一辈的教育观念缺失，导致从小被娇生惯养，没有生产动力，没有销售欲望。他们倒是可以一上来就做普通人得积累很久才有机会做的投资，却常常因为钱很多而亏得狠，进而显得人更傻。此类例子比比皆是，无须在这里重复。

想办法提高自己的生产效率就完事了，就这么简单。

27
提高效率的基础原则

　　我们的时间，每时每刻都是一个圆，效率就是它的直径。到最后，一个人的时间体积取决于他的效率。也就是说，效率决定财富。

效率

提高效率（尤其是生产效率）的方法论非常多，书籍、课程也不少。但最本质、最根本，当然也因此只能最有效的方法论却常常被忽略，它们分别是持续自学、长期践行和专注内部。

刚开始当然得被迫学习。如果没有强制，绝大多数人连写汉字都不会学习。然而，自学才是最重要的能力，没有人逼、没有人教、没有人陪，自己就能学，仅此一点就能超过极高比例的人群。

学习的动力原本应该超级大。一个人识字了，相当于是仅用了几年时间就走完了人类很多万年的进化。认识阿拉伯数字似乎很简单，但那可是直到12世纪左右才传到欧洲，到了13世纪才在斐波那契的倡导下被普及，到了15世纪才被数学家们全面采用的。

> 每当你学到一个新知识，对你来说"那只不过是你的一小步"，可与此同时，那可真的是"人类的一大步"！

又比如，你在读小学的时候，没花太多工夫就在学校和老师的帮助下理解了"负数"的概念。可你知道吗，人类发展了很久很久，直到公元1世纪的时候，中国汉代的《九章算术》里才有了"负数"的概念。等到你上了九年级，在物理课上学到了"能量守恒"，又没花太多工夫就在学校和老师的帮助下理解了。而对整个人类来说，那可是从《九章算术》的时代开始算起，再过1700多年，十几个来自欧洲不同国家、不同领域的科学家各自独立发现并证明的理论，其中的主要贡献者之一是焦耳。嗟乎！这世界真正的速成只不过是朴素的学习啊！

能把整个人类用那么长时间才搞定的东西，直接拿过来迅速建设我们自己的大脑皮层，多好玩、多开心啊！

一般来说，人们认为钱是可以攒出来的。但很可能从来都没人告诉过你，其实，时间也是可以攒出来的！因为学习就是攒时间，学习就是攒命，学习就是延年益寿。

提高效率只能通过学习，要是能自学，那效率就更高。有些事情，必须优先学习，比如生产、销售、投资方面的知识。与此同时，优先学习并不意味着放弃剩下的一切。优先学习这些知识的原因在于攒时间、提高效率，然后可以做更多的事。自学这个动作，要尽早掌握，然后要做一辈子，因为那是开发时间这个终极生产资料的最佳方式。

学习这个动作，实际上至少包含学、练、用、造这四个层面。所以，只学不用是浪费时间，也是绝大多数人学习失败的根本原因。学到了就要用，学到了就要践行。践行的过程，实际上是提高效率的唯一途径。通过大量的迭代（不仅仅是重复），不断积累、不断改良。效率永远不可能一蹴而就，因为效率这个东西，只能是发展出来的。

从一开始就建立严格的筛选机制，尽量只挑值得做很久很久的事。仅此一条，就能引发天壤之别。因为一上来选的就是值得做很久很久的事，所以，自然而然地只能长期践行。又因为的确做了很久，自然有积累，自然有改良，效率自然有发展。什么事值得做很久很久啊？就是那些有积累效应的事情。真的很巧，生产、销售、投资以及自学，都有积累效应。

除了持续自学、长期践行之外，还有就是专注内部。值得关注的外部，事实上很少，因为外部的绝大多数事情与提高自身生产效率毫无关系。沃伦·巴菲特说自己不看新闻，我认同他这个决策，却有不太一样的理由：因为关注新闻需要时间，可与此同时，它消耗了我的时间却并不提升我的生产效率——这是100%亏本的买卖，不能搞。

生活中一定会发生这样那样的意外，会遇到坏人，会遇到坏事，但它们都是外部因素。它们存在或者出现本身已经破坏了我的发展，绝对不能让它们进一步吞噬我那终极的生产资料。毕竟我的所有财富，不管是物质财富还是精神财富，全来自我的时间，或者准确地讲，来自我的时间的体积。我哪有什么时间可以浪费呢？又有什么道理浪费在它们身上呢？时时刻刻，专注提高效率才是正事。

28
比较才是开心与否的关键

　　我们经常会误以为有人天性乐观，有人天性悲观。其实，乐观与否并不完全是天然的。婴儿虽然谈不上乐观，但婴儿都没有抑郁症。可慢慢地，大多数原本乐观的婴儿变成了悲观的成年人。你看，悲观是后天习得且不断强化的。

　　我们从一开始就生活在一个物资稀缺的世界，可我们偏偏从一开始就是消费动物。所以，不做任何挣扎是绝对不可能持续生存的。并且，这个世界里还有无数永远无法解决的困境，比如，灾难、战争、冲突、疾病等。不仅如此，我们的整个人生过程，无论是生活、学习还是工作，总是困难重重且意外频发。我们作为人类，还面临另外一个问题：从出生的时候我们就注定了有一天会死，哪怕没有意外，哪怕没有苦难，也一样终将面对死亡。

面对永恒的困境，人们难免要问：

> 生活如此艰辛，凭什么要挣扎着活下去？
> 再进一步，早晚都要死，为什么现在还要受苦？

这是所有人在面对惨淡现状之时，必然苦恼的问题。你我也没有什么不同，苦难到了极致，脑子里的念头都一样。

关键在于，这是时间观念造成的苦恼。如果我们像昆虫那样，长着一双全视角的眼睛，时刻关注且只关注当下的世界，那么，我们不用回顾过去，不用期待将来。然后呢？然后就没有烦恼了。因为生活状态被简化到了极致——安全或者不安全，除此之外没有任何其他状态。安全，就那么待着呗；不安全，就跑呗。跑不掉怎么办？跑不掉就跑不掉呗。很正常，此时的我们没有烦恼，也没有恐惧，仅凭几个有限的反应处理生活中的一切。

哺乳动物都有情绪。兔死狐悲，不见得只是一个寓言故事或只是一个成语。哺乳动物会开心，也会伤心。那么问题来了，开心和伤心的根源是什么？因为哺乳动物的记忆逐渐发达起来，有记忆了，就带来另外一个东西：比较。满足与否，不是开心与否的关键，满足与否常常只是是否要为了满足而采取行动的关键。比较才是开心与否的关键。甚至可以说，是因为有了记忆，所以才天然有了比较；而在有了比较之后，才有了开心与否的差异。

> 现在比过去好，嗯，开心；现在比过去差，唉，不开心、伤心、闹心。

从这个角度望过去，我们甚至可以说，"心"这个东西，就好像是长在比较上的，没有比较，心这个东西，就干脆没有存在的必要，既不需要开心，也不需要伤心。

若是将现在与过去比较，有一半的概率是更好的，那就是开心和伤心对半开，那么，也就没有什么乐观、悲观的说法了。关键在于，长期以来，当人们比较现在与过去的时候，总是更多地发现自己在伤心。这并不难以理解，因为生活的真相就是苦难重重，这一点从未发生任何变化。

过去，世界的变化是极为缓慢的，再加上那时人们的寿命很短，于是更是难以体会到整个世界的改善。甚至，从感受上来看，极大概率是觉得这世界真是越来越差。而婴儿时期的无条件、无限制满足，又埋下了一个成年过程中在现实世界里生存而产生悲观的种子。

然而，时代变了，突然之间就变得完全不一样了。

哪儿不一样了呢？主要来自两个方面：

> 整个世界进步的速度加快了。
> 整个人类的平均寿命加长了。

哪怕只看过去的100多年，我们都能看到科学技术的快速发展，以及由此带来的生活变化。看看直流电和交流电大战之后的世界发生的变化；看看书写工具一路走下来，突然被电子设备替代后发生的一切；看看交通工具和通信工具的发展以及给世界带来的变化，哪一个不是加速度越来越快的呢？注意，不是速度越来越快，而是加速度越来越快。

又因为人类的平均寿命突然加长了。人类平均预期寿命超过80岁，也只不过是近几年的事情。然而，这个变化带来的影响是巨大的。因为在正常情况下，无论在世界的哪一个角落，每个正常人都会自然而然地同意一个看法："现在的生活的确比二三十年前好太多了。"

放在遥远的过去，二三十年之间，整个世界可能毫无变化，甚至经常倒退。从懂事开始计算，那时的人们弄不好根本活不过二三十年。

> 对别人来说，时间只是一条射线；可对我们来说，时间是一个半径可以几何级数增长的管道。我们的时间有体积，他们的时间弄不好连面积都没有，只有长度。

现在的人多认为，想要获得终极乐观，相信科学才是更靠谱、更有效的途径，甚至是唯一途径。根据已经发生的改善推断将来会有更多的改善，这不是一厢情愿，而是合理推断。

科学的本质就是不断改进的假说，这也是科学方法论的核心。于是，整个科学技术发展史都在向我们普及乐观的根据。我们的确看到了科学技术是如何一步一步发展起来、一步一步改善的，不仅自身变得越来越好，也使得整个世界因为它的发展而越来越好。

29

思考时间跨度的影响

之前提到过一次思考时间跨度：

> 不仅是生活安全，连金融安全都在不断改善
> 中。2018年开始的经济衰退、2020年突然出
> 现的新冠疫情、2022年全球范围内出现的青
> 年失业率提高等现象，让悲观情绪四处蔓延。
> 事实上，他们只是没有把"思考时间跨度"拉
> 得足够长而已。一旦把它拉长到一定程度，能
> 看到的就是截然相反的景象：无论如何，我们
> 都生活在最好的时代，并且发展一如既往地势
> 不可当。

人与人之间最大的差异，其实来自人们的思考时间

跨度各不相同，且差异巨大。

　　我们还是可以从贫富差距谈起。之前，我们讨论过，贫富差距的产生是无论如何都不可避免的，其中还有一个主观的原因，就是人们对时间的认识各不相同。

　　最能拉开人与人之间距离的，就是思考的时间跨度。只能思考当下的人，和思考未来一年的人，以及思考未来十年，甚至思考未来五百年的人，没办法相同，因为时间就是生产资料。与此同时，我们一生的所有收获，无论是精神上的还是物质上的，归根结底，都是从时间（无论是自己的还是别人的）里挖出来的。

　　想象一下，如果你出生在还没有人种庄稼的时代。白天，你要和别人一起出去弄吃的回来：采果子或打兔子。如果带回来的食物太多，以至于食物坏掉之前大伙都吃不完，你会挨骂的。为什么？因为那叫暴殄天物，原本大自然帮我们保存着完好的食物，结果被你浪费掉了！那时候，时间观念压根就不重要，谁也没办法想太远。

　　后来，人们开始种庄稼了。农业时代引发了少数人时间观念的变化，甚至，反过来说也行，是少数人的时间观念发生变化，才开启了农业时代。种庄稼，起码要想到半年后吧。春天开始下地种庄稼，要到秋天才有收成，这期间就得有粮食储备。半年其实是不够的，因为这个秋天收割之后，要到下一个秋天才会有新的储备。可是，哪怕有一年的储备和计划，好像也不够，因为后面可能还有天灾人祸。所以要想更久、更远才行。

从那个时候开始，人群分层的结构就出现了：

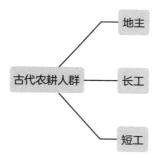

最初的时候，人口较少，土地却很丰富，所以，找到土地并不难，劳作也是大家都能做的。看得长远、想得长远，也就是长期观念，才是真正的核心竞争力。虽然起初大家都可以是地主，但到最后，只有少数人保住了地主的地位。最重要的原因是，只有少数人真正拥有长期观念。

要有长期观念，首先思考时间跨度得足够长，不是一个月，不是一年，而是十年，甚至更久。在普遍寿命三五十岁，成年需要十五年，且最后十年左右已经体力不支的年代里，看十年、想十年（甚至更久）的难度可想而知。

然而，这个时间跨度所跨越的，不是过去和现在，而是未来。时至今日的我们，生活在连天气都可以预报的时代里；可在遥远的过去，那可真是"两眼一抹黑"，更多时候靠的是"赌"。拥有长期观念，持有长期观念，还要从始至终，其中所需要的是心智上的勇气，比起与暴力相关的勇气，根本就不在一个量级，当然也不在一个层级。

宋代的苏轼写过一篇《留侯论》，说："古之所谓豪杰之士者，必有过人之节、人情有所不能忍者。匹夫见辱，拔剑而起，挺身而斗，此不足为勇也。天下有大勇者，卒然临之而不惊，无故加之而不怒；此其所挟持者甚大，而其志甚远也。"人们常常提起的"志向远大"是很好的描述，但我更喜欢用"思考时间跨度"这个更朴素、更直击本质的描述，因为越是简单、朴素、直接的说法，越是能清晰地指导自己的思考和决策。

相对于长期观念来看，土地所有权对地主地位的保障作用事实上很小，甚至可以忽略不计。即便是在暴力

140

横行的时代，连暴力都需要长期观念的保驾护航，否则能够换取的不过是一时风光而已。

人群开始按照"个、十、百"的大致比例分化，比如一个地主，十个长工，一百个短工。虽然这个比例相当粗略，但地主最少，长工多一点，短工最多，这个事实从未变过。长工的酬劳，按月结算甚至按年结算。短工呢？按日结算。地主呢？自己给自己结算，而且是最后结算。

在任何时代里，从远古到今天，都普遍存在白手起家的案例。只不过，穿过表象看透实质的话，致富的最重要因素从来都不是勤俭，而是持有长期观念。在物质贫乏的时代里，谁不勤劳呢？谁不节俭呢？不开源节流，就没办法长久，不长久的富裕和贫穷事实上并无太大差别。

时间观念对人群分层的影响如此深刻，以至于三层结构如此稳固。不管社会学家们用什么样的称呼，"阶层"也好，"阶级"也罢，三层结构从未发生变化，永远自顾自地存在着。你再看看现在的公司结构就知道了：

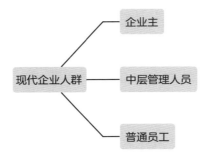

有区别吗？普通员工的工资结算时间跨度最短，拿月薪。管理人员呢？拿的是年薪。企业主呢？最后结算。没区别，还是老样子。这是有固定工作的，没有固定工作的呢？去"打零工"，拿日薪或时薪。

我有朋友为了讨生活去了非洲。多年后偶遇，坐下来闲聊，他就曾说："非洲吧，其实真挺好，说苦也苦，说累也累，但只要是中国人去了，没有不当老板的。因为非洲人实在是太懒了！"我给他讲了讲我的看法："那只不过是时间观念在最底层发挥着决定性的作用。"他跳了起来，说："对对对！那帮人，干两个小时后就跑过来要工钱，然后就到超市门口买两瓶啤酒，听着音乐扭着屁股，可开心了！"然后他坐下来，叹了口气，说："还真是，我在中国算是没啥文化的，可就算目光再短浅，也比他们长太多了……"

今天的我们完全可以主动培养自己的长期观念，主动延长自己的思考时间跨度。更为重要的是，我们可以主动思考远比自己的一生更远的未来。其实这不是直到今天人们才有机会去做的事情，想想那些存续千百年的大家族就知道了，它们都有家训，若是没有足够的思考时间跨度和长期观念的话，他们无论如何都想不出那些最终被证明极为有效的教条、原则。

想要过上好日子，就去想办法不断延长思考时间跨度，这就是真把时间当朋友的核心方法论，亘古不变，就这么简单。勤劳与节俭也许的确有必要，但它们都不够充分；而足够好、足够强的长期观念才是真真切切的充分必要条件。

培养长期观念到底有多重要，已经无须进一步论证或陈述，但做好这件事花钱吗？好像压根就用不到钱。成本几近于零，却有无限收益。这么好又这么简单的事，没道理不认真做啊！

㉚
人间正道不一定沧桑

最初的时候，我们为了思考方便做了个假设：

> 假设我们生活在一个完美的世界中。在这个完美社会里，坑、蒙、拐、骗、偷、抢，显然都是不可以的。

我们正生活其中的，当然不是一个完美世界；在真实的世界里，随处可见不公。

简单讲，一切的不公都是暴力造成的，无论是坑、蒙、拐、骗、偷，还是耍赖，甚至干脆明抢，都是不同程度的暴力。或者反过来讲，暴力几乎是公平的唯一敌人。

```
暴力 ──────→ 不公
```

如果整个世界只有一个人、一个家庭、一个部落，暴力就算有价值也并不大。只有多方（很多人、很多家庭、很多部落）存在的时候，才会产生利益冲突。而最初的时候，暴力是解决冲突的最简单、直接、粗暴、有效的手段。

```
利益 ──→ 冲突 ──→ 暴力 ──→ 不公
```

起初，暴力的价值是巨大的。用暴力傍身的人身强力壮，有更顽强的生命力。与他人一起的时候，就可以生抢硬夺。他们甚至可以躲避劳累，等人家费尽心机找到果子或者打到兔子之后，只需要花一点力气就可以抢过来。甚至，他们干脆通过奴役，逼别人干活儿，而后自己坐享其成。能抢必须抢，不抢不划算。

一切的冲突都事关利益。曾经，解决冲突最简单、直接、粗暴、有效的方式就是采用暴力。可问题在于，暴力的价值有天然的缺陷。首先，暴力的价值不持久，因为抢来之后只会消费，终究会坐吃山空，而后就只能再去抢；更大的缺陷在于暴力会吸引更强大的暴力，被抢的一方会想办法变得更强，一方面要避免继续被抢，另一方面可能还要抢回来；与此同时，总有更强大的另外一方在虎视眈眈。这是一个恶性循环。抢来的终将被抢走，这是暴力获益者难逃的宿命。

所谓的"冤冤相报何时了"，其实并不是一句无奈的慨叹，更像是客观的陈述。人类早就发现了和平的价值、妥协的必要，以及共赢的可能。而人类社会进步的过程，从某个角度望过去，本质上就是逐步消灭暴力的过程。在更好的社会里，和平更可取，妥协更必要，共赢更可能。

毫无疑问，暴力就是"恶"而非"善"。虽然人们到今天都在争论"人之初，性是否本善"，可有个事实是无法否认的：人类社会总体上是向善的，有史为证。可无论怎么发展，暴力始终无法根除，社会需要法治，而法治的本质还是暴力。只不过，这是社会讨论的结果，法治是"必要之恶"。

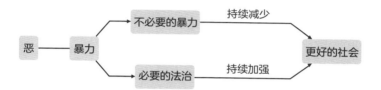

正如历史所展现的那样，发展限制暴力。也就是说，社会越发达，暴力对个体的价值就越低。事实上，从一开始，暴力的社会价值就是负数。如今，各种不公依然存在，但会越来越少，而且社会的确一直在向着更公平发展，趋势使然。暴力不断贬值的趋势，在全球都有明显的表现。

与此同时，不仅是社会中的暴力在不断贬值，个体所拥有的体力也在不断贬值。与之相对的，是智力的不断升值。无论是对社会总体来说，还是对单独的个体来说，都一样，智力的价值在不断攀升，并且攀升速度越来越快，攀升幅度也越来越大。

在平静对待"当下依然存在的不公"的同时，能看到不公正在减少的趋势，对任何普通人来说，都是极大的解脱与慰藉。与此同时，这也意味着希望。

我们不是盲目乐观。

总结

《财富的真相》的所有内容，都基于以下几个事实：

> 财富来自生产，也出自自身；
> 时间是终极的生产资料；
> 钱是万物的存储；
> 钱是最灵活的生产资料。

而最终的结论用一句话讲就是：

> 在这个越来越好的时代里，只要把时间花到自学、生产、销售、投资中就能赚到钱，然后还有很多的事情值得做。

我知道这一点点简单至极的知识，对我自己的家人的确有用且必要。我也希望这本书对你有用，你可以用它扎扎实实地改变自己的生活。

反正，在这个越来越好的时代里，其实人人都可以白手起家，也都可以且应该花掉时间赚到钱，做更多的事。

（全书完）

李笑来

投资人，畅销书作家。

2011年进入投资领域。

2019年组建 "富足人生社群"，关注个人成长、家庭建设、家庭教育。

李笑来出版作品：

《微信互联网平民创业》
《让时间陪你慢慢变富》
《自学是门手艺》
《韭菜的自我修养》
《财富自由之路》
《把时间当作朋友》
《TOEFL iBT高分作文》
《TOEFL 核心词汇21天突破》

请您关注微信服务号"笑来"，
了解更多书籍、课程以及社群。

财富的真相

作者 _ 李笑来

产品经理 _ 张睿汐　　装帧设计 _ 肖雯　　产品总监 _ 王光裕

技术编辑 _ 顾逸飞　　责任印制 _ 刘淼　　出品人 _ 贺彦军

果麦

www.guomai.cn

以 微 小 的 力 量 推 动 文 明

图书在版编目（CIP）数据

财富的真相 / 李笑来著. — 广州：广东经济出版社，2023.12（2024.1重印）
ISBN 978-7-5454-9039-8

Ⅰ.①财… Ⅱ.①李… Ⅲ.①财务管理－通俗读物
Ⅳ.①TS976.15-49

中国国家版本馆CIP数据核字（2023）第235277号

责任编辑：陈　潇　　吴泽莹
责任技编：陆俊帆　　顾逸飞

财富的真相
CAIFU DE ZHENXIANG

出版发行：广东经济出版社（广州市环市东路水荫路11号11～12楼）
印　　刷：北京盛通印刷股份有限公司
　　　　　　（北京亦庄经济技术开发区经海三路18号）

开　　本：880毫米×1230毫米　1/32	**印　　张**：5.25
版　　次：2023年12月第1版	**印　　次**：2024年1月第3次
书　　号：ISBN 978-7-5454-9039-8	**字　　数**：86千字
定　　价：58.00元	

发行电话：（020）87393830　　　　　　编辑邮箱：gdjjcbstg@163.com
广东经济出版社常年法律顾问：胡志海律师　　法务电话：（020）37603025
如发现印装质量问题，请与本社联系，本社负责调换。
版权所有　·　侵权必究